金线莲种质创新与栽培技术教程

主　　编：杨　琳
副 主 编：张君诚　尤长胜　郭梨锦
参编人员：张杭颖　赵生美　邢建宏　鄢树枫
刘文美　刘希华　石庆会

厦门大学出版社
XIAMEN UNIVERSITY PRESS
国家一级出版社
全国百佳图书出版单位

请扫码获取本书彩图

图书在版编目（CIP）数据

金线莲种质创新与栽培技术教程 / 杨琳主编.
厦门 ：厦门大学出版社，2025. 6. -- ISBN 978-7-5615-9731-6

Ⅰ. S567

中国国家版本馆 CIP 数据核字第 2025F3M835 号

责任编辑 李峰伟
美术编辑 蒋卓群
技术编辑 许克华

出版发行 厦门大学出版社
社 址 厦门市软件园二期望海路 39 号
邮政编码 361008
总 机 0592-2181111 0592-2181406(传真)
营销中心 0592-2184458 0592-2181365
网 址 http://www.xmupress.com
邮 箱 xmup@xmupress.com
印 刷 厦门金凯龙包装科技有限公司

开本 787 mm×1 092 mm 1/16
印张 11.25
字数 220 千字
版次 2025 年 6 月第 1 版
印次 2025 年 6 月第 1 次印刷
定价 39.00 元

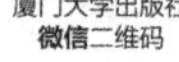

厦门大学出版社
微信二维码

厦门大学出版社
微博二维码

前　言

金线莲是华南地区重要的特色中草药，有“金草”“药王”美誉，为“福九味”闽产药材之一，金线莲种业工程被列入福建首批种业创新与产业化工程。本书对金线莲种质创新与栽培技术的理论及实践知识的阐述具有一定的深度、广度，是“植物分子育种”“药用植物组织培养”“天然产物提取”等课程的实践案例的补充。笔者基于金线莲产业的校企合作、科研及教学成果，从金线莲的育种、繁育、种植和产品开发 4 个环节展开介绍，形成这本《金线莲的种质与栽培技术创新教程》。本书使用大量的图表，以案例的形式进行了较为完整的论述，使内容通俗易懂，同时以详细的、具有较强操作性的实例，指导学生在学习过程中设计并实现金线莲分子育种及高效栽培，提高学生的学习兴趣及解决实际问题的能力。

本书共分为 5 章，系统介绍了药用植物金线莲种质创新与高效栽培的研究进展及实践应用。第一章概述了药用植物种质创新、推广及高效栽培的研究现状，重点介绍了本书的研究案例植物金线莲，并阐述了本课程的学习方法。第二章详细论述了分子选择育种的技术原理及其在金线莲育种中的具体应用。第三章系统介绍了药用植物的繁育技术体系，并以金线莲为例，重点阐述了其人工辅助种子繁育和组培技术。第四章着重讲解了中药材规范化生产标准及金线莲高效栽培的关键技术。第五章则进一步延伸探讨了金线莲种质创新与高效栽培的应用价值，包括其功能性成分的提取工艺和产品开发方向。全书内容由浅入深，理论与实践相结合，形成了完整的知识体系。本书围绕

“新工科”和“工程教育”建设理念，以学生为中心，校企合作编写，增加虚拟仿真、课程思政等元素，丰富课程内容，促进人才培养服务市场需求目标的达成。

本书由药用植物开发利用福建省高校工程研究中心组织编写，杨琳担任主编并负责全书的审定工作，张君诚、尤长胜、郭梨锦担任副主编，参编人员有张杭颖、赵生美、邢建宏、鄢树枫、刘文美、刘希华、石庆会。特别感谢三明学院生物与医药学科和生物技术专业的支持，感谢三明学院应用型教材项目（ZL2305/JJ）、课程思政示范课程项目（KCSISFK2513）、专创融合专业项目（Z2025003Z）、专创融合课程项目（Z2025017K）、教育教学改革研究项目（J202506）的资助。另外，感谢寻慢农场（三明）有限公司、三明市沙县区富强家庭农场等合作企业为本书的编写提供的帮助，同时感谢恩师张君诚教授的鼎力支持，感谢恩师李晚忱、付凤玲教授的指导。

杨　琳

2024 年 10 月

目　录

第一章　绪　论

第一节　药用植物种质创新与推广

一、种质创新

种质是决定药用植物产量与质量的重要因素。种质一致的药用植物群体称为品种，它往往是经过长期自然选择与人工筛选而形成的。优良品种是指在一定区域范围内表现出活性成分含量高、品质好、产量高、抗逆性强、适应性广、遗传稳定等优良特性的品种。选育良种是药用植物栽培中的一项重要增产措施。多年来，人们在长期的生产实践中培育出了很多药用植物优良品种，如人参的大马牙、二马牙，浙贝母的铁杆型、细叶种、轮叶种、大叶种和多子种，地黄的金状元、小黑英、白状元等。优良品种大面积推广后，可充分发挥其优良种性，达到不增加劳动成本也可获得较高产量的目的，这对于促进药用植物生产发展具有十分重要的意义。

栽培条件下的药用植物品种不断发生变化，良种也在不断变化。因此，良种选育是药用植物栽培生产中一项长期工作。目前，大多数药用植物品种没有经过严格、科学的选育，大多是地方品种、农家品种，生态型、化学型等，且普遍存在品种相互混杂、种性不纯等问题，严重影响着中药材的质量和产量。

药用植物种质创新是指通过科学育种方法创造或改良药用植物种质资源，以获得具有优良性状的新种质，为药用植物育种和产业发展提供基础材料。它是药用植物产业可持续发展的核心驱动力之一。种质创新的方法有以下几种。

(一)传统育种

(1)选择育种:从现有的品种中或天然的群体中选择优异植株繁殖成株系,进而育成新品种。将变异产生的优良经济性状进行人工选择,使变异方向固定,积累和强化它,就可以形成一个优良的新种质类型。我国药用植物品种选育工作起步较晚,不论是野生还是栽培药用植物,种内个体间差异均普遍存在,这为选择育种提供了较大的余地,因此选择育种是药用植物育种最简易、快速、有效的方法。常用的选择育种有个体选择法和混合选择法。

①个体选择法:根据育种目标从原始群体中选择优良的单株,分别留种、播种,经过鉴定比较,选择优良区系加速种子繁殖,育成新品种。只经过一次选择的,称为一次个体选择法。如果在一次个体选择的后代中,性状还不一致,需要经过两次以上的选择,称为多次个体选择法。个体选择法简单易行,见效快,便于群选群育,能准确选择最好类型,且性状较一致,但费力又费时。

②混合选择法:是指一个品种经长期种植,在品种内会形成不同类型的遗传群体,选择表现优良、性状基本一致或某一性状类型相同的单株混合处理,之后各种一小区域与原品种或对照品种进行比较,以鉴定品种的利用价值。这样经过一次选择的,称为一次混合选择法。如果一次选择后的材料还不一致,要经过两次以上的选择,称为多次混合选择法。混合选择法简单易行,能迅速分离出优良类型,但易使性状不纯。现多采用改良混合选择法,即将以上两者结合,一般先进行1～2次混合选择,使个体处于一致,再进行单株选择,随后再以株系取舍。

(2)杂交育种:除了选择育种,杂交育种是一种重要的育种方法。纯杂交是由两个亲本通过有性过程或营养体结合而产生杂种有机体的方法。杂交育种是在通过杂交获得杂种的基础上,进行定向培育和选择以育成新品种的方法。同一物种的不同生态类型、地理类型或地方品种,在某些性状上确实表现出一定的差异。杂交育种就是利用物种内个体间的差异,把生产上需要的性状综合到同一个品种中。

杂交育种的关键是亲本的选择,应尽可能选用优点多且双方优缺点又能互补的亲本;利用本地优良品种与相距较远而性状较好的品种作为亲本。杂交育种方式有单交、复合杂交或回交等,实际工作中应根据育种目标和亲本的特点来确定采用何种杂交方式。杂种后代的处理也是杂交育种的关键,目前较常用的方法有系谱法和混合法。当杂种稳定后,再开展品种比较试验,从而选育出理想的新品种。

(二)诱变育种

诱变育种是指利用物理和化学的方法诱发植物基因发生突变,然后按照一定的育种目标，在变异的后代中进行选择和培育，从而获得新品种的过程。该技术在一定程度上提高了突变频率，扩大了变异范围，从而加快了育种速度，已被广泛应用于作物育种实践中。诱变育种包括化学诱变育种、物理诱变育种等。

(1)化学诱变育种：就是利用化学诱变剂处理药用植物的种子、幼苗、花药、花粉、愈伤组织和幼胚等组织器官，造成脱氧核糖核酸(deoxyribonucleic acid，DNA)缺失及修补，借助基因重组或者基因突变引起有机体变异，从而创造新的种质。其特点是：经济方便；有一定专一性，可实现定向突变；多造成基因点突变。常用的化学诱变剂有烷化剂、核酸碱基类似物、亚硝酸等。诱变处理方法有浸渍法、涂抹或滴液法、注入法、熏蒸法、施入法等。影响化学诱变效应的因素有诱变剂种类、材料的遗传类型和生理状态、处理浓度和处理时间、温度、溶液 pH 值及缓冲液使用等。近年来最新发展的石蜡油-EMS(ethyl methane sulfonate，甲基磺酸乙酯)花粉诱变技术，是将 EMS 与其他物理、化学诱变技术相结合的新技术，已经开始应用于植物品种改良，并显示出良好的发展前景。

(2)物理诱变育种：就是利用物理的方法诱导植物变异，形成新品种，主要包括辐射诱变育种、激光诱变育种、空间诱变育种等。

①辐射诱变育种：就是用射线诱变进行育种，常用射线、中子等。其特点是：突变频率高，变异范围大；可有效地改变某些单一不良性状；产生的变异较稳定；方法简便、安全。处理方法包括外照射与内照射两种，前者可处理种子、植株、花粉、子房、营养器官、离体胚、芽点、合子等，后者有浸泡法、注射法和饲养法等。影响诱变效应的因素有剂量、作物敏感性等。辐射诱变在药用植物育种中应用的相对较多，如用中子照射延胡索块茎，不仅提高了保苗率和块茎繁殖率，而且还使当代和第二代产生了连续增产效应。

②激光诱变育种：是一种新型育种技术，已得到广泛应用。激光诱变植物的突变谱与辐射诱变相似，具有早熟、矮秆、株型及粒型变异等。相对于辐射育种，激光育种的特点表现是：能量密度高，比较集中，单色性和方向性好；诱变当代即可出现遗传性突变；半致死剂量不太明显，不管何种剂量，当代成活株结实率均与对照接近；损伤具有修复作用等。进行激光诱变育种的处理对象可以是植物的干种子、浸泡过的种子或剥去种皮的裸胚、幼苗、根尖，也可以是未成熟的花器官、花粉及离体花药等。激光种类不同，诱发植物突变的范围及程度不同。不同植物对激光的敏感性不同，同一植物对不同激光的反应也不同。例如，四川省中药研究所以巴县薏苡为亲本材料，用激光诱变技术培育出了川苡 76-1，具有株型紧凑、抗性好等优点，大幅度提高了药材产量。

③空间诱变育种：又称为太空育种、航天育种，就是将植物种子或器官放到返回

式航天器上，利用宇宙的强辐射、高真空、微重力、超洁净、大温差和交变磁场的特殊环境，诱导植物变异，返回地面后，再进行培育、筛选优良品种的方法。与常规育种方法相比，空间诱变育种具有诱变频率高、变异幅度大、有益变异多、育种程序简单、变异稳定快等特点。变异性状主要表现为株形变异，分蘖变异，穗形、果形、粒形变异，化学成分变异，抗病、抗旱、抗涝能力变异等。对藿香的研究结果表明，微重力组的过氧化物酶活性和蛋白质含量与地面对照组接近；射线击中组过氧化物酶活性和蛋白质含量明显高于地面对照组；地面对照组的过氧化物酶和酯酶的电泳图谱与微重力组相似，而与射线击中组有所区别。空间诱变后，子二代藿香的挥发油成分发生了明显变化，爱草脑明显增加，而胡薄荷酮和薄荷酮的含量明显减少。

（三）染色体倍性育种

实践中染色体倍性育种也有广泛的应用。它包括单倍体育种和多倍体育种。

(1)单倍体育种：利用单倍体植株加倍、选择、繁殖和培育等步骤育成新品种。例如，植物花粉的染色体数为体细胞的一半，因而是单倍体。从花粉经人工离体培养出来的植物一般都是单倍体植物。百合、颠茄等药用植物的花粉培养已成功诱导出单倍体植株，可再经染色体加倍，从中选择优良个体，培育成新品种。单倍体育种的主要特点是：稳定杂种性状，缩短育种年限；提高对杂种后代的选择效率，节省劳力和用地；克服远缘杂种不育与杂种后代分离等所造成的困难；快速培育异花授粉植物的自交系；单倍体植株的人工诱变率高，育种成效大。

(2)多倍体育种：利用人工诱变或自然变异等，通过细胞染色体组加倍获得多倍体育种材料，用以选育符合人们需要的优良品种。多倍体是指体细胞中含有 3 个或 3 个以上染色体组的个体。最常用、最有效的多倍体育种方法是用秋水仙素或低温诱导处理萌发的种子或幼苗。秋水仙素能抑制细胞有丝分裂时形成纺锤体，但不影响染色体的复制，使细胞不能形成两个子细胞，但染色体数目加倍。进行染色体加倍处理后产生的植株究竟是不是多倍体，需要通过以下方法进行鉴定：①外观形态鉴定。多倍体植株整个生长期的性状通常有明显变化，突出表现在根、茎、叶器官上具有巨型性，此外，生长缓慢、发育迟缓也是一个重要特征；②细胞学鉴定。多倍体气孔比二倍体气孔大，其细胞中的叶绿体数增加，每视野中气孔数多倍体少于二倍体，花粉粒大小不整齐，败育花粉粒较多，小孢子母细胞增大，在减数分裂中有异常行为；③染色体计数鉴定。通过检测分生旺盛的器官、组织染色体数目来鉴定，这也是最直接、最准确的一种鉴定法。

目前染色体人工加倍成功的药用植物已有几十种，如黄芪、杜仲、牛膝、丹参、菘蓝、党参、枸杞、百合、当归等。人工诱变多倍体只是多倍体育种工作的开始，新诱变成功的多倍体往往都是未经筛选的育种原始材料，只有在此基础上继续进行选育才能培育出符合育种目标的多倍体新品种。因物种与品种间的差异，有些多倍体材料会表现出营养器官的巨大性以及活性成分含量高和抗逆性强等优良性状，适当加以选育即可应用于生产实践，或者结合组织培养与远缘杂交技术培育其他优良多倍体品种。更容易通过多倍体育种获得成功的植物是那些从诱导多倍性的两个普遍效应（即细胞增大和育性降低）中得益最大而受害最小的植物，而大部分药用植物即属于这种类型。目前已经培育出多倍体新品种的药用植物有丹参、菘蓝等。

（四）体细胞杂交育种

体细胞杂交育种就是把来自不同种质的体细胞，在人工控制条件下，如同两性细胞受精那样，完成全面的融合过程，继而把融合的细胞诱导培养成一个新的杂种植株。运用这种方法可以综合药用植物的优良性状，创造新的突变，从中选育出理想的新品种或新类型。体细胞杂交是一个比较复杂的细胞生物学过程，要经过很多技术环节，并且要在无菌状态和一定环境条件下进行，主要有分离原生质体、诱导原生质体融合、诱导异核体再生新细胞壁、诱导细胞分裂和核融合、诱导细胞团分化成植株等环节。利用原生质体融合进行体细胞杂交育种，有可能克服远缘杂交中某些障碍，如杂交不亲和性，从而广泛地组合各种植物的遗传性，为有目的地培养各种经济性状优良、活性成分含量高的药用植物新品种开辟了一条新途径。

（五）分子育种技术

（1）基因编辑技术：是一种能够对生物体基因组进行精准修改的生物技术。它允许科学家在特定位置添加、删除或修改 DNA 序列。最常用、最便捷的基因编辑工具是 CRISPR-Cas9 技术，即利用 RNA 引导 Cas9 蛋白切割特定 DNA 序列，广泛应用于疾病治疗、作物改良、基因功能研究等。转录激活因子样效应物核酸酶（transcription activator-like effector nucleases，TALENs）是另一种基因编辑方法，通过蛋白质识别特定 DNA 序列进行切割，编辑精度高但设计复杂。随着基因编辑技术的迅速发展，其在培育抗病、抗旱、高产的转基因作物等方面展现出巨大潜力。

（2）转基因技术：是指通过现代生物技术手段，将外源基因导入目标生物体基因组中，使其获得新的遗传特性的技术方法。其核心流程包括目的基因获取（从供体生物中分离或人工合成）、载体构建（将基因插入质粒或病毒等载体）、基因转移（采用农杆菌介导法、显微注射法或电穿孔等技术实现）和转化体筛选（通过标记基因筛选成功转化的细胞或个体）。截至 2010 年，全球 54%的大豆、30%的玉米和 13%的棉花通过转基因手段获得，此后基因作物占比逐年增加。中国批准种植的转基因作物包括抗虫棉花、抗病木瓜等。

二、种质复壮

(一)品种退化

优良品种投入生产使用后,若不严格按照良种繁育制度进行繁育和生产,经过一段时间往往会发生混入同种植物的其他品种种子,或失掉原有的优良遗传性状,即为品种混杂、退化现象。品种混杂、退化后,不仅丧失了原品种的生长发育特性,而且产量降低、品质下降。品种混杂、退化的根本原因是缺乏完善的良种繁育制度,如未采取防止混杂、退化的有效措施,对已发生的混杂、退化不注意去杂、去劣,以及未正确选择种植区域,未进行合理栽培等。具体来说有以下几方面的原因:

(1)机械混杂。在生产作业过程中,如在种子翻晒、播种、收获、运输、脱粒、贮藏等环节,由于未严格遵守操作规程,人为地造成其他品种种子、种苗混入。此外,不同品种连作时,前茬自然落地的种子又萌发,或使用未充分腐熟的肥料中带有的种子又萌发,都可以造成机械混杂。机械混杂后,会进一步造成生物学混杂。

(2)生物学混杂。有性繁殖药用植物在开花期间,由于不同品种间发生了自然杂交,此种混杂称为生物学混杂。生物学混杂使别的品种基因混杂到良种中,形成了新的杂种,使得品种变异,品种种性改变,造成品种退化。生物学混杂以异花授粉植物较为普遍。

(3)自然突变。在自然条件下,各种植物都会发生自然突变,包括选择性细胞突变和体细胞突变。自然突变中多数是不利的,从而造成品种退化。

(4)长期无性繁殖。一些药用植物长期采用无性繁殖,以上一代营养体为下一代的繁殖材料,植株得不到复壮的机会,致使品种生活力下降。

(5)留种不科学。一些生产单位在留种时,不了解选择目标和未掌握被选择品种的特性,致使选择目标偏离原有品种的特性。另外,许多药用植物的收获部位就是繁殖材料,如半夏块茎、浙贝母鳞茎等,遇到行情好的年份,就将大的、好的加工成商品出售,剩下小的、次的作种,这也会造成品种退化。

(6)病毒感染。一些无性繁殖药用植物,常会受到病毒侵染,如果留种时不进行严格选择,将带有病毒的繁殖材料进行种植,也会引起品种退化。

(7)环境因素。优良品种都有一定的区域适应性,且要在特定的栽培管理条件下才能正常生长发育,因此不恰当的栽培技术和不合适的生长环境都会引起品种退化。

(二)种质复壮方法

任何优良品种都应经常去杂保纯,应根据品种混杂退化的原因及时采取措施,防止品种退化，所采取的措施即为种质复壮干预。种质复壮是指通过生物技术手段恢复退化种质的优良遗传特性，保持其遗传完整性和活力的系统性技术，以恢复品种的典型农艺性状、提高繁殖能力和生理活性、维持遗传多样性、延长种质资源利用周期为主要目标。具体可采用以下方法。

(1)选优更新：是指对推广已久或刚开始推广的品种进行去劣选优，它是防止和克服生产上良种混杂退化、保持良种种性、延长良种使用年限、充分发挥育种增产潜力、达到持续高产稳产的有效措施。具体方法如下：

①单株选择法。纯单株选择法是指根据优良品种的特征、特性进行株选。在优良品种接近成熟时，在留种田中选择生长旺盛、抗逆性强、产量性状好的典型优良单株作种。按照生产上对种子的需求量，安排单株选择数量。为提高选择效果，还可将选得的材料在室内复选 1 次，将不符合品种特性者剔除后混合脱粒，作为下一年度种子田的用种。

②穗(果)行提纯复壮法。在植株种子接近成熟时，于种子田或大田里选择生长旺盛、抗逆性强、产量性状好的足量单株，再经室内复选 1 次，剔除不符合典型特征的单穗(单果)。将入选单株穗(果)进行分穗(果)脱粒(取种)后分别贮藏。当年或翌年将入选的单穗(单果)种子经严格精选处理后进行种植。在生长关键环节进一步选择，选定具有本品种典型特征或典型性状、生长整齐、成熟一致的单株穗(果)。将当选的单穗(单果)进行编号，在下年种成穗(果)系圃。经第二年比较试验后，将当选穗(果)系收获后进行混合脱粒(取种)，供种子田或繁殖田用种。

③片选法。此法适用于品种纯度较高和新推广应用的优良新品种提纯复壮。在种子田或品种纯度高、隔离条件好、生长旺盛一致的田块里，进行多次去杂、去劣。一般在苗期、旺长期和生长后期进行 3 次除杂。待种子成熟后，将除杂过的所有种子混收，供种子田或繁殖田用种。

(2)严防混杂：在良种选育过程中，必须做好防杂保纯工作，防止品种机械混杂和生物学混杂。严格把好种子处理、播种、收获等关口，以防机械混杂。对于异花授粉植物，在繁殖过程中要特别做好隔离工作，一般采用空间隔离和时间隔离两种方法，防止品种间串花杂交。

(3)改变繁殖方法：这是无性繁殖药用植物在栽培上经常采用的复壮措施。如怀山药用芽头繁殖 3 年以后，改用零余子或种子来培育小块根作种。

(4)改变生育条件和栽培条件：任何品种长期种植在同一地区，生长发育会受到当地不利环境因素的影响，优良特性会逐渐消失。因此，改变种植地区、改善土壤条件，以及适当改变或调整播种期和耕作制度等都可以提高种性。

本书以金线莲为例，开展了金线莲种质推广工作，主要是利用花粉活力、寿命及柱头可授性规律，开发人工授粉和种子采收保存等技术，实现授粉率 85.23%，结实率提高 3 倍，种子萌发率 80.03%。创新集成实生母瓶苗、多节间茎段一体化接种技术、培养架光源调节技术和"接种-大棚培养"一步培育法，利用复壮工厂化扩繁种源，优化育苗流程，缩短成苗时间，提升组培苗质量。

三、种质推广

种质推广包括良种繁育与良种推广。

(一)良种繁育

良种繁育是良种选育工作的重要组成部分。当新品种经过区域试验确定推广地区之后，就要做好良种繁育工作，直至该品种被更新的品种更换。只有通过良种繁育，大量生产新品种种子，才能迅速扩大其种植面积。对已经推广的品种，正确地进行良种繁育，保持品种纯度和生产性能，可使优良品种长期用于生产。因此，良种繁育是品种选育工作的继续和新品种推广的准备，是保证育种成果和长期发挥良种优势的重要措施。良种繁育的程序包括原种生产、原种繁殖和大田用种繁殖等。

(1)原种生产：原种是指育成品种的原始种子或由生产原种的单位生产出来的与该品种原有性状一致的种子。原种的标准：①符合新品种的三性要求，即一致性、稳定性和特异性，在田间生长整齐一致，纯度高，一般农作物品种纯度不小于 99%，但由于药用植物种类繁多，不同药用植物品种基础条件差异很大，因此很难定出统一的纯度标准，当然有条件的药用植物新品种纯度也应与农作物要求看齐；②与目前生产上应用的品种相比，其生长势、抗逆性、产量和品质等都有一定程度的提高；③种子充分成熟、饱满、发芽率正常，无杂质和其他种子。原种是新品种繁育的种子来源，因此原种生产应该有严格的程序和制度，在确保其纯度、典型性、生活力等指标的同时，加速种子繁育进程，尽快扩大种群，及时为生产提供优质良种。

(2)原种繁殖：由于培育出来的原种往往数量不多，满足不了种子田的用种需求，因此必须进一步繁殖原种，以扩大原种种子总量。原原种经一代繁育获得原种，原种繁育一次获得原种一代，繁育二次获得原种二代。在原种繁育时要设置隔离区，防止混杂，确保品种纯度，特别是异花授粉的常异花授粉药用植物，一定要有防止生物学混杂的设施，否则会因为品种间相互传粉而降低原种纯度。

(3)大田用种繁殖：是指在种子田将原种进一步扩大繁殖，为生产提供批量优质种子。由于在种子田生产大田用种要进行多年繁殖，因此每年都要留一部分优良植株种子供下一年种子田用种，这样种子田就不需要每年都用原种。常用的大田用种繁殖方法有一级种子田良种繁殖法和二级种子田良种繁殖法。一级种子田良种繁殖法是指将种子田生产的优质种子用于下一季的种子田种植，而种子田生产的大部分种子经去杂、去劣后直接用于大田生产。二级种子田良种繁殖法是指将种子田生产的优质种子用于下一季的种子田种植，种子田生产的大部分种子经去杂、去劣，在二级种子田中繁殖一代，再经去杂、去劣，然后种植到大田。一般在种子数量不够又急需用种时采用二级种子田良种繁殖法，但采用此法生产的种子质量相对较差。

(二)良种推广

良种推广主要包括区域性试验、生产示范试验和栽培试验。区域性试验的主要任务是鉴定新品种的特征、特性，在较大范围内对新品种的丰产性、稳定性、适应性和品质等性状进行系统鉴定，为新品种的推广应用、区域划定提供科学依据。同时要在自然、栽培条件相对不同的各农业区域进行栽培技术试验，了解新品种的适宜栽培技术，使良种有与之相适应的良法。

(1)区域性试验：应根据该种药用植物的分布、自然区域和品种特点分区进行，以便更好地实现品种布局的区域化。要按照自然条件和当地的栽培制度，划分几个农业区，然后在各区域内设置若干个试验点开展试验研究。每个试验点按一般品种比较试验设置小区试验并重复，同时加强田间管理，以提高试验的精确性。

(2)生产示范试验：是在较大面积条件下，对新品种进行试验鉴定。试验地面积应相对较大，试验条件与大田生产条件基本一致，土壤地力均匀。设置品种对照试验，且要有适当重复。生产示范试验可以起到试验、示范和繁殖种子的作用。

(3)栽培试验：一般是在生产示范试验的同时，或在新品种决定推广应用以后，就几项关键技术进行试验。其目的在于进一步了解适合新品种特点的栽培技术，为大田生产制定合理的栽培技术措施提供科学依据，做到良种良法共同推广。

(4)品种审定与推广：经审定合格的新品种，划定推广应用区域，编写品种标准，然后就可以进行大面积推广。品种标准包括品种来源、特征特性、产量性状、品种性状、适宜推广应用区域、栽培技术要点以及制种技术等。新品种只能在适宜推广应用的区域内种植，不得越区推广。

本书以金线莲为例，详细讲解金线莲分子辅助选择育种的方法和步骤，为其他药用植物的种质创新提供示范。分子辅助育种及其在金线莲中的应用包括利用RNA-seq(ribonucleic acid sequencing，转录组测序)技术，分析6个高频密码子，获取金线莲黄酮和甾醇代谢通路关键酶 Unigene 序列信息，建立已知序列侧翼未知序列扩增方法，实现查尔合酮成酶等关键限速酶基因克隆。建立光谱、无机盐和苯丙氨酸诱导模型，开发基于有效成分监测、基因表达和植株表型分析的金线莲分子辅助育种方法，从 38 份种质中初选 4 个高黄酮含量优良株系，精选优良株系 RF0703001 和 RF0703006 并实现人工育种。

第二节　药用植物栽培技术与进展

一、药用植物栽培的概念

药用植物是指含有生物活性成分，具有一定药理作用，可以用于防病、治病的植物。随着科学技术的发展与综合开发利用的深入，药用植物的用途日益扩大，除加工成中药材或作为制药原料外，还广泛用作营养保健品、调味剂、香料、化妆品、植物性农药等。药用植物所含的生物活性成分是其发挥治疗、保健作用的物质基础。

药用植物栽培学是研究药用植物生长发育、产量和品质形成规律及人工调控技术的一门应用学科，它是中医药学的重要组成部分。虽然药用植物栽培历史悠久，但其与现代中医药学密切结合的学科体系构建仅短短几十年，因此它是一门既古老又年轻且特色鲜明的学科。

二、现代药用植物栽培技术体系

随着全球对天然药物需求的持续增长，现代药用植物栽培体系已成为保障药材质量、满足市场需求并实现可持续发展的重要途径。这一体系融合了现代农业技术、生态学原理和标准化管理，旨在提高药用植物的产量与品质，同时减少对野生资源的依赖和生态环境的破坏。

（一）生态化栽培与精准管理

现代栽培技术强调根据药用植物的生态习性优化种植环境。土壤管理是其中的核心环节之一。例如，黄芪适宜在疏松的沙壤土中生长，而黄连则需要富含腐殖质的酸性土壤。通过施用有机肥、微生物菌剂和调节 pH 值等方法，有效改善土壤结构，提高肥力。此外，连作障碍是药用植物栽培中的常见问题，轮作或间作能够减少土传病害的发生，维持土壤健康。

精准农业技术的应用进一步提升了药用植物的栽培效率。物联网传感器实时监测土壤湿度、温度和光照强度，结合数据分析，为灌溉和施肥提供科学依据。例如，在栽培名贵药材天麻时，通过智能系统调控遮阴度和湿度，模拟其原生环境，显著提高了天麻的成活率和产量。水肥一体化技术的推减少了资源浪费，同时确保药用植物在关键生长期获得充足的养分。

（二）绿色病虫害防控与标准化采收

减少化学农药的使用是现代药用植物栽培的重要目标。生物防治和物理防治成为主流手段，如利用赤眼蜂防治害虫，或使用紫外线诱虫灯和色板诱杀害虫。此外，植物源农药和微生物农药的应用，既能有效控制病虫害，又避免了农药残留问题。

采收和初加工环节直接影响药材的最终品质。现代研究通过分析药用成分的动态积累规律，确定最佳采收期。例如，银杏叶中的黄酮类化合物在秋季达到峰值，此时采收可确保最高药用价值。采后处理技术日益先进，低温干燥、真空冷冻干燥等方法能够最大限度地保留药用植物的活性成分，如灵芝多糖在高温下易降解，因此需采用低温干燥工艺。

（三）可持续发展与产业协同

生态种植模式是未来发展的重点。林药间作、有机栽培等模式不仅提高了土地利用率，还减少了环境污染。例如，在云南等高海拔地区，林下种植重楼、黄精等药材，既保护了森林生态系统，又为农民提供了经济收益。

政策与市场的双重驱动进一步促进了产业的规范化。良好的农业规范认证确保了药用植物从种植到加工的全流程质量控制，而地理标志保护则提升了优质药材的品牌价值。例如，吉林长白山人参和岷县当归通过地理标志认证，在国内外市场获得了更高的认可度和经济回报。

现代药用植物栽培体系通过技术创新与生态保护的结合，不仅提升了药材的产量和品质，还为可持续发展提供了可行路径。这一体系的进一步完善将为中医药产业的现代化和国际化奠定坚实基础。

三、药用植物栽培的重要意义

药用植物栽培属于农业生产的一部分，中药材又是一种特殊商品，开展药用植物栽培，发展中药材生产，具有多方面的重要意义。

(一)社会意义

1.弘扬民族文化,促进中医药发展,丰富世界医药学宝库

中医药学属于中华优秀传统文化,应用历史已长达数千年,如今更加受到世人的关注和欢迎。药用植物栽培是中医药学的重要组成部分,开展药用植物栽培研究,促进中药材生产发展,是弘扬民族文化、促进中医药事业发展的重要内容。世界知名的传统医药体系有 4 个,即中国、埃及、罗马和印度。随着历史的变迁,唯独中医药体系经受住了时间的考验。至今,不仅 14 亿中国人及大量华裔应用中医药,而且欧美各国政府和人民都不约而同地把希望的目光投向中医药。由此可见,中医药大踏步走向世界并成为医疗主流体系,已经是不可逆转的趋势。

2.满足用药需求,保障人民身体健康

中医药是国家医疗保障体系中的重要组成部分,在防病治病过程中发挥着巨大作用。中药是中医治疗疾病的基本原料,是临床疗效发挥的物质基础。正所谓,"医无药不能扬其术,药无医不能奏其效"。据《中国中药资源志要》(1994 年)记录,我国可供药用的植物已鉴定的有 9000 多种,其中常用的有 500 多种,需求量大、主要依靠栽培的有 200 多种,占中药材收购量的 30%左右。由野生引为家种的如天麻、黄芩、细辛、甘草、五味子、桔梗、半夏、山茱萸、栀子、铁皮石斛等;自国外引种的如颠茄、洋地黄、蛔蒿、番红花、水飞蓟、西洋参等,特别是南药如金鸡纳、白豆蔻、丁香、马钱、安息香、古柯、儿茶等过去依赖进口,现在许多已引种成功。随着社会的发展和人民生活水平的不断提高,人们对预防和治疗疾病的要求更加迫切,中药材的需求量大幅度增加。同时,由于工业发展、环境污染和人为破坏,野生药材资源越来越少,有些品种甚至到了灭绝的边缘。因此,仅靠野生药用植物资源,已经远远不能满足人民的用药需要。将药用植物野生变家种,建立和扩大生产基地,实施优质高产栽培技术,可以达到不断开发药源的目的,改变中药材供不应求的局面。另外,栽培、生产优质中药材是保证中药产品质量和临床疗效的第一关。许多药用植物经定向栽培,活性成分含量提高,可以成为治疗疾病的物质原料,有助于预防和减少疾病的发生,从而达到维护人民身体健康的目的。

3.调节农村剩余劳动力,调整农村产业结构,稳定农村社会

进行药用植物栽培,在耕耘、管理、病虫害防治、采收、加工等方面需要一些特殊技术,并且比较费工费时,但这些工作往往是在农闲季节开展,因此在地少人多的地区开展药用植物栽培,可以有效地调节农村剩余劳动力。药用植物多分布在老、少、边、远的山区,这也是发展中药材生产的适宜地区。种植中药材相对经济效益较高,其收益是种植一般农作物的两倍左右,有时高达 10 余倍。因此,开展药用植物栽培

是调整农村产业结构、帮助农民致富的有效途径。事实上，许多比较贫穷的山区，正是通过发展中药材生产，调整了农村产业结构，提高了农民经济收入，发挥了稳定农村社会的积极作用。

（二）经济意义

1.合理利用土地，提高农业收入

药用植物种类繁多，生物学特性各异，生长发育所需要的自然条件各不相同。如有的根系浅，有的根系深；有的植株高大，有的植株较矮；有的喜肥，有的耐瘠薄；有的喜温，有的耐寒；有的喜光，有的耐阴；有的喜湿，有的耐旱；等等。这不仅便于因地、因时开展间混套种，合理利用地力、空间和时间，增加复种指数，提高单位面积产量，而且还可以充分利用荒山秃岭和闲散土地，大幅度增加农业收入。

2.稳定中药材质量，扩大产品出口

中药材是我国对外贸易的传统出口物资，早在1980年我国中药材就出口到五大洲85个国家和地区，出口总额达到1.74亿美元。近年来，由于人类疾病谱和医学模式的改变，“回归自然”的呼声日高，国际天然药物市场不断扩大。世界卫生组织（World Health Organization，WHO）报告显示，在国际药品市场上，由天然物质制成的药品已占约30%，2010年代中后期，国际植物药市场份额已经达到了270亿美元，预计2020年代中后期，市场份额将超过500亿美元（数据来源于Grand View Research，2021年）。在这种形势下，我国中药材出口量也不断加大，据《中国海关统计年鉴》统计，1995年中药材出口总额为5.2亿美元，2009年上升到5.5亿美元，2024年全年出口额将突破18亿美元。因此，大力发展药用植物栽培，稳定中药材质量，扩大出口额，不仅可以增加外汇收入，支援国家建设，而且还可以为世界医药事业做出我们应有的贡献。

3.有助于建立完整的产业链，促进中药产业发展

中药材生产是中药产业发展的第一个环节，开展药用植物栽培，建立稳定的中药材生产基地，为各种中药产品提供产量足、质量优的原料，是整个中药产业健康发展的基础。中成药和中药保健品生产企业，通过建立自己的药材生产基地，不仅可以保证货源的稳定，也可保证并提高产品质量，有利于促进企业的健康可持续发展。同时，由于产业链的延伸，也可进一步提高中药企业的经济效益。

4.稳定中药材市场，减少经济损失

中药材用量毕竟不同于粮食，它的需求量是有限的。我国历史上中药材的余缺状况就证明了这一点，有时一个品种会很紧缺，便会引起人们的重视而进行栽培，需

求会很快被满足,甚至出现过剩情况。常用中药材如此,贵重中药材如金线莲、杜仲、西洋参、银杏、天麻等濒危物种亦如此。实现农业产业化是党中央、国务院提出的农业经济工作的重大方针。中药材生产也必须走产业化发展的道路,逐步改变落后、分散的生产形式,把符合社会主义市场经济规律的企业组织形式引入中药材生产之中,鼓励中药企业通过建立自己的中药材生产基地,实现中药材生产的规范化、规模化与产业化,以稳定中药材的市场供应,避免因中药材市场价格大起大落,造成严重的经济损失。

5.造就优质中药材品牌,促进当地经济发展

中药材生产基地多建在道地产区,在这些中药材生产基地深入开展栽培技术研究,可以大幅度提高中药材产量,稳定和提高中药材质量,有助于创建道地中药材名牌,促进市场销售,推动当地经济的快速发展。

(三)生态意义

1.美化环境,保持水土,维护生态平衡

药用植物不仅种类多,而且千姿百态,许多品种茎叶优美、花朵鲜艳、气味芬芳,用来美化绿化庭院、村镇、街道、机关、学校、厂矿等场所,既能供观赏、调节情绪、陶冶情操,又能普及医药知识、增加经济收入,可谓一举多得。还有一些多年生药用植物,主根深长、须根发达、枝叶繁茂,种植在原野、山岭之上,具有良好的保持水土、涵养水源作用。

2.保护野生资源,维持生物多样性

中药材产业发展在保护生态环境和野生药用植物资源、维护生物多样性方面发挥着非常重要的作用。药用植物栽培是保护、扩大、再生产药用植物资源的最有效手段。例如,恣意采挖野生甘草、防风是造成西北地区草原严重沙漠化、荒漠化的原因之一,现在通过引种驯化,实现了甘草、防风的人工栽培,在满足国内市场的同时,还大量出口创汇,有力保护了野生资源与生物多样性,生态意义重大。

第三节　金线莲种质创新与高效栽培

一、金线莲生物学特性

金线莲为陆生兰科植物,株高 8～18 cm。根状茎匍匐,伸长,肉质,具节,节上生根。茎直立,肉质,圆柱形。叶片卵圆形或卵形,长 1.3～3.5 cm,宽 0.8～3.0 cm,上

面暗紫色或黑紫色，具金红色带有绢丝光泽的美丽网脉，背面淡紫红色，先端近急尖或稍钝，基部近截形或圆形，骤狭成柄；叶柄长 4～10 mm，基部扩大成抱茎的鞘。总状花序具 2～6 朵花，长 3～5 cm；花序轴淡红色，其和花序梗均被柔毛，花序梗具 2～3 枚鞘苞片；花苞片淡红色，卵状披针形或披针形，长 6～9 mm，宽 3～5 mm，先端长渐尖，长约为子房长的 2/3；子房长圆柱形，不扭转，被柔毛，连花梗长 1～13 cm；花白色或淡红色，不倒置(唇瓣位于上方)；萼片背面被柔毛，中萼片卵形，凹陷呈舟状，长约 6 mm，宽 2.5～3.0 mm，先端渐尖，与花瓣黏合呈兜状；侧萼片张开，偏斜的近长圆形或长圆状椭圆形，长 7～8 mm，宽 2.5～3.0 mm，先端稍尖；花瓣质地薄，近镰刀状，与中萼片等长；唇瓣长约 12 mm，呈 Y 形，基部具圆锥状距，前部扩大并两裂，其裂片近长圆形或近楔状长圆形，长约 6 mm，宽 1.52 mm，全缘，先端钝，其两侧各具 6～8 条长 4～6 mm 的流苏状细裂条，距长 5～6 mm，上举指向唇瓣，末端两浅裂，内侧在靠近距口处具两枚肉质的胼胝体；蕊柱短，长约 2.5 mm，前面两侧各具 1 枚片状的附属物；花药卵形，长约4 mm；蕊喙直立，叉状两裂；柱头两个，离生，位于蕊喙基部两侧。

自然状态下，在福建和浙江，金线莲一般于 2 月下旬和 3 月初发芽，并于 9—11 月开花。花序基部的两朵花首先绽放，花朵从基部到顶部逐渐开放。在开花期间，萼片分裂和展开，露出花瓣，伸展到最终形态。金线莲花期受经度、纬度和海拔的影响较大。例如，在贵州(东经 103°36′～109°35′、北纬 24°37′～29°13′)，其开花期在 9 月初至 11 月初；而在云南(东经 97°31′～106°11′、北纬 21°08′～29°15′)，其花期在 9—12 月；在广西(东经 104°26′～112°04′、北纬 20°54′～26°24′)和广东(东经 109°39′～117°19′、北纬 20°13′～25°31′)，其花期在 10 月初至 12 月初。

二、基原植物与主要栽培类型

金线莲分布于亚洲热带和亚热带地区，主要分布在中国、日本、印度、斯里兰卡、尼泊尔和其他东南亚各国。金线莲在我国主要分布于福建、浙江、江西、广东、广西、云南、台湾等地，其中以福建、浙江、江西为主产地。金线莲不同基原植物野外生境相似，分布于常绿阔叶林的沟边、石壁和土质松散的潮湿地带。

金线莲主要基原植物为金线兰(*Anoectochilus roxburghi*)，此外台湾金线莲(*A. formosanus*)、恒春银线兰(*A. koshunensis*)和滇越金线兰(*A. chapaensis*)也常作为金线莲药材使用。金线莲和滇越金线兰叶片表面具金红色带有绢丝光泽的网脉，金线莲叶片为卵圆形或卵形，背面淡紫红色，而滇越金线兰叶片为偏斜的卵形，背面淡绿色。滇越金线兰的花期早于金线莲。金线莲地理分布区域较广，而滇越金线兰主要分布于云南屏边地区。台湾金线莲和恒春银线兰叶片表面具白色的网脉。台湾金线莲花不甚张开，倒置(唇瓣位于下方)，子房扭转，而恒春银线兰花张开，不倒置(唇瓣位于上方），子房不扭转。恒春银线兰的花期早于台湾金线莲。台湾金线莲和恒春银线兰主要分布于台湾地区，近年来福建、浙江、江西等地开始引种。

金线莲人工栽培的种源来自野生资源，品系混杂，产量与内在品质不稳定，严重影响药材的质量。选育出产量高、质量稳定、适应性强的优良品种是发展金线莲产业的重要基础。根据叶片形状和茎秆颜色，金线莲经过长期不断的人工选择，目前形成3个主要栽培类型，分别为尖叶红秆金线莲、尖叶绿秆金线莲、圆叶红秆金线莲。尖叶红秆金线莲叶片狭长，叶端较尖或微凸，表面呈茸毛状黑紫色，背面淡红色，茎肉质，红色。尖叶绿秆金线莲叶片狭长，叶端较尖或微凸，表面呈茸毛状黑紫色，背面淡红色，茎肉质，淡绿色。圆叶红秆金线莲叶片呈椭圆形或近圆形，叶端钝圆，表面暗紫色，背面淡紫红色，茎肉质，淡红色。

三、地理分布与群落特征

野生金线莲资源主要分布于我国东部和南部地区，包括福建、浙江、江西、台湾、广东、广西、云南、贵州等地。福建全省山区均有分布，包括宁德、南平、三明泰宁和永安、泉州德化、漳州南靖、龙岩武平等地，其中武夷山和戴云山自然保护区分布较广。浙江省主要分布于泰顺、庆元、文成、景宁、龙泉、平阳等地。江西省主要分布于宜春、九江修水、赣州安远等地。此外，广东的梅州平远、河源、韶关，广西的防城、上思、龙州、武鸣、隆安、融水、桂平、蒙山，云南的文山、保山、红河屏边和金平、普洱、西双版纳景洪，以及贵州的兴仁、望谟、荔波、雷山也有分布。金线莲垂直分布幅度较广，海拔200～1600 m均有分布，尤以海拔200～600 m的中低丘陵区分布较多，主要长于沟边、石壁及土质松散的潮湿地带。金线莲喜阴湿、凉爽、弱光或散射光的环境，常分布于亚热带常绿阔叶林、针阔混交林或竹林下的枯枝落叶层上或阴湿石头间的腐殖土上。

第四节 金线莲种质创新与栽培技术特点和学习方法

一、金线莲种质创新与栽培技术特点

（一）栽培工作刚起步

三明学院联合福建农林大学于2023年底的初步统计结果表明，目前已经开展人工种植或已进行引种试种的药用植物达到2000余种，约占全部药用植物种类的

20%。虽然其中有些种类的栽培历史长达上千年，但多数种类的栽培历史较短，金线莲栽培时间更短，所以其植株保留有较强的野生性状，表现为种子休眠性强、发芽不整齐、株间差异大、生长发育不整齐等。虽然从中选育高产、优质、抗逆性强的品系有很大潜力，但也增加了规范化种植的难度。金线莲栽培研究尚处于学科发展的初级阶段，许多领域有待进一步充实和完善。

(二)涉及的学科门类多

金线莲种质与栽培技术是一门综合性强且内容不断更新的课程，与之关联的学科课程很多。涉及金线莲植物本身研究的有植物形态解剖学、植物生理学与植物生物化学、植物生态学与植物群落学、植物生物学等学科，涉及植物生存和生活环境的有农业气象学、土壤学、农业化学、农业昆虫学、植物病理学等学科，涉及金线莲药材质量控制的有中药学、生药学、有机化学、分析化学、中药化学、色谱学、中药药理学等学科。这些学科都有可能为金线莲优质、高产提供理论依据或相关技术措施。但金线莲栽培并不是简单地运用其他学科的研究成果，而是在充分掌握金线莲植物生长发育规律和对生态环境条件的要求与质量、产量形成规律的基础上，运用相关学科知识进行的综合研究。也就是说，金线莲植物栽培是对各学科成果集成组装、灵活运用的实践，是对药用植物本身的深入研究。

(三)更加注重产品质量

中草药金线莲是中医用于治疗疾病的特殊商品，其质量高低直接决定着临床治疗效果，可以说其使用价值集中体现在质量上，质量不合格的中药材相当于一堆废草。因此，金线莲种质与栽培技术除要求一定的产量外，应更加注重产品质量。金线莲的外观性状、活性成分含量、重金属含量、农药残留量及生物污染情况等决定了其质量高低。目前关于中药材质量评价技术体系尚不完善，虽然国家现行药典已经对许多中药材的活性成分含量提出了最低标准，但一种或数种活性成分含量并不能有效地代表中药材的质量，比较稳妥的方法是从传统的性状鉴别、检查，到现代的活性成分含量测定，甚至指纹图谱来对中药材质量进行全方位的综合监控和评价。用于中医临床配方的中药材，应强调活性成分含量的稳定，否则会影响处方的实际剂量；用于工厂化提取某成分的金线莲，为提高收率与效益，则要求活性成分含量越高越好。

(四)道地性是金线莲栽培的重要特色

金线莲在与自然界双向选择的过程中，与产地生态环境建立了千丝万缕的联系。

各种中药材均有其特定的分布区，不同产地的同一中药材质量迥异。传统意义上的道地金线莲是指具有特定种质、特定产区，以特定栽培与加工方法所生产的金线莲，质量上乘、品质稳定、疗效可靠。因受过去科技水平的限制，对金线莲质量缺乏有效的检测标准和手段，中药材的产地就成为人们非常重视的一环，往往以道地金线莲作为质优的标志。在某些情况下，金线莲的道地产区也会发生一定的变迁。因此，开展金线莲植物栽培，应密切关注金线莲道地性问题，要以发展道地金线莲为主。

（五）需求量相对稳定

金线莲是用于防病治病的中药材，中医又多行复方配伍入药，各个中药材品种的性味、归经、功效、主治不同，相互之间不能随意替换。各种疾病的发生具有一定的规律性，使得每种中药材的年需求量相对稳定，“少了是宝，多了是草”。在进行人工栽培时，需要根据市场需求做好预测，既要品种全，又要品种与面积比例适当。因此，金线莲需有一定的种植面积，以确保足量供应，同时种植面积又不能盲目扩大，以免供大于求，造成损失和浪费。

二、金线莲种质创新与栽培技术学习方法

（一）必须明确金线莲的种质与栽培技术的任务

金线莲的种质与栽培技术是为解决金线莲资源短缺，植物药材供不应求的问题而发展起来的，通过人工手段调控环境和药用植物本身来达到生产目的，以获得种类多、产量高、质量好的金线莲。金线莲的种质与栽培技术的任务是多方面的，每一方面都与金线莲的产量与质量密切相关，要学好金线莲的种质与栽培技术这门课程，必须明确其任务并予以全面掌握。

（二）因地制宜是搞好金线莲的种质与栽培技术的基本原则

同一药用植物由于生态环境的差异，常呈现不同的生长发育规律，活性成分种类与含量也会发生很大的变化。因此，在确定金线莲的栽培措施时，必须根据当地的自然特点因地制宜，避免生搬硬套。对新引进的金线莲，必须经过栽培试验，在充分掌握其生物学特性和生长发育规律后，才能进行推广种植。

（三）质量第一，兼顾产量

金线莲属于特殊商品，其使用价值集中体现在质量上。其质量不符合要求时，就

会成为一堆废草。但是,获取一定的经济效益,也是进行金线莲种质创新与栽培的目的之一。没有经济效益,金线莲生产就难以进行。因此,学习本门课程必须要有全面的观点。在研究和确定栽培技术措施时,既要保证金线莲质量,又要兼顾金线莲产量。

(四)加强实践,做到理论与实践相结合

金线莲的种质与栽培技术是一门直接为中药材生产服务的应用学科,实践性很强。在学习时,必须面向生产,深入实际调查研究,总结农民的种植、加工经验,通过实践发现真理,再通过实践发展真理,使实践丰富理论、理论指导实践,从而促进药用植物栽培事业的健康发展。

开放讨论题

随着人们对金线莲药用价值认识的不断深入,自然界中的金线莲资源也不断被挖掘,同时新技术的涌现使得人类对金线莲代谢途径和代谢调控机制的研究逐渐深入,为金线莲产业提供了可靠的技术支持。为在工业上提高金线莲资源的利用率,谈谈综合开发金线莲产业的发展方向。

思考题

1. 金线莲种质创新与栽培技术包含哪些基本内容?
2. 学习金线莲种质创新与栽培技术有哪些意义?

第二章　金线莲分子选择育种与应用

第一节　植物分子育种

分子植物育种是一种植物种质创新方法的方法之一，是目前应用较为广泛的方法，获得的优良性状的新种质，为植物育种和产业发展提供基础材料。

一、植物分子育种的兴起与发展

（一）我国植物分子育种研究历程的回顾

早在1974年，基因工程刚刚兴起之际，我国科学家周光宇便已提出远缘DNA片段杂交的理论，同时设计了一套外源DNA（基因）导入作物的技术，即花粉管通道（pollen tube pathway）技术。在1978年、1979年获得实验证实之后，*Methods in Enzymology* 于1983年首次报道了通过棉花花粉管通道导入外源DNA获得成功的研究成果。此后，这一为我国科学家首创的技术引起了国内外的广泛关注。

花粉管通道技术具有无须了解亲本双方的遗传背景，无须事先分离识别基因，也避免了组织细胞培养、抗性标记、筛选再生等一系列繁复的操作，可以直接获得基因植物，并从中获取目的基因等一系列独特的优点。因此，其为作物育种开辟了一条科学、简便、快捷且切实可行的途径。1986年，该技术即已通过中国科学院与农牧渔业部组织的专家评议，并获得了“七五”期间科学院（1987年）和国家（1989年）颁发的科技进步奖二等奖。为了表彰首席科学家周光宇教授的杰出贡献，1991年，中国科学院还曾授予她“七五”重大科研任务先进工作者称号。

因为当时主要以总DNA作为供体，以普通农作物作为受体，所以周光宇将花粉管通道转移技术称为农业植物分子育种技术。但随着生化与分子生物学的发展，使用的供体 DNA 扩大到了重组 DNA 分子，转化方法也从以花粉管通道技术为代表的生殖系统细胞的原位转化，拓展到了任何一种直接或间接转化的技术。按照周先生 2013 年的设想，我国农作物育种将在 2020 年正式进入分子育种的阶段。

植物分子育种就是在分子水平上进行的遗传育种，它包括了以植物基因工程为代表的基因工程育种，也包含了传统的作物遗传育种的内容，两者的结合是发展的必然趋势。在目前具有农业生产价值的基因仍然十分缺乏的情况下，植物分子育种是充分利用我国丰富的种质资源，分离获取具有自主知识产权的目的基因的一条重要途径。

随着生物技术的飞速发展，分子植物育种已成为现代农业科技创新的核心驱动力。该领域通过整合基因组学、生物信息学和基因工程技术，实现了对作物遗传特性的精准调控，为全球粮食安全和农业可持续发展提供了全新解决方案。近年来，分子标记辅助选择、基因组选择、基因编辑等技术的突破性进展，显著提升了育种效率和精准度。在分子标记辅助选择方面，高通量 SNP 芯片技术的应用使得重要农艺性状的筛选效率大幅提高，如玉米抗倒伏基因 *ZmPIN1a* 的筛选使育种周期缩短 30%，小麦抗白粉病基因 *Pm21* 的功能标记已实现商业化应用。基因组选择技术通过全基因组标记预测育种值，在水稻、大豆等作物中展现出显著优势，如稻米直链淀粉含量的预测准确率达到 0.75，较传统育种效率提升 40%以上。

基因编辑技术的突破为分子育种带来了革命性变革。CRISPR-Cas9 系统实现了对目标基因的精准修饰，在抗病育种和品质改良方面取得显著成效。例如，通过编辑番茄 *SlMLO1* 基因获得抗白粉病品种，农药使用量减少 50%；敲除小麦 *TaGW2* 基因使籽粒质量增加 15%。转基因技术持续发展，转 *DREB1A* 基因棉花在干旱条件下增产 20%。而合成生物学技术在药用植物领域大放异彩，酵母合成青蒿素前体的成功使生产效率提升 200 倍。在主要粮食作物方面，分子育种技术培育出聚合抗白叶枯病基因 *Xa23* 和耐涝基因 *Sub1A* 的“绿色超级稻”，编辑 *TaSBEIIa* 基因获得的高抗性淀粉小麦为糖尿病患者提供了新选择。在经济作物中，高油酸大豆品种（油酸含量＞80%）显著提升了食用油稳定性，转 *Bt* 基因抗虫棉已占据全球 75%的种植面积。

（二）植物分子育种发展概况

1973 年，出现在文献中的基因工程是以微生物为材料作为划时代的成就报道的。当时的技术刚刚起步，以高等生物为材料的研究尚未开展，要想在国内开展基因工程研究是一大难题。1974 年，我国周光宇教授为探索植物基因工程技术，多次调查国内粮食作物等远缘杂交的情况，根据那些亲缘关系远的杂交所产生的染色体水平的杂交现象，提出了 DNA 片段杂交理论。以玉米稻为例，周光宇等认为，从近代分子生物学来看,虽然就整体分子而言,亲缘关系愈远的生物间的染色体和染色体外DNA的结构愈不易亲和,很容易互相排斥,但从局部的DNA片段来看,两种植物的部分基因间的结构可能存在一定的亲和性,因而远缘DNA片段在母本DNA复制过程中有可能被重组,使子代出现变异。这种参与杂交的DNA片段可能带有可亲和远缘物种的结构基因、调控基因,甚至是断裂的无意义的DNA片段。后两种DNA片段如果整合到母本基因组中,将同样可能影响母本基因的表达,使子代产生变异。为验证DNA片段杂交的假设,1978年初周光宇等进行了部分的分子验证实验,选择祖德明等培育的高粱稻及其亲本为材料,研究其亲缘关系。由于蛋白质是基因表达的产物,进行同工酶分析的结果发现高粱褶中有一条来自高粱的酯酶同工酶带,为DNA片段杂交学说提供了一个印证。

根据受体细胞的不同,DNA导入技术可以分为以胚细胞为受体的DNA导入技术和以生长点分生细胞为受体的DNA导入技术,统称为生殖系统细胞原位转移技术。以胚细胞为受体的DNA导入技术,是将外源DNA导入种胚发育成种子,然后从种子长成转化植株;而以生长点分生细胞为受体的DNA导入技术,是用种子吸收DNA,种胚直接发育成植株,在当代即可表现出外源DNA导入的影响。

在DNA片段杂交学说的基础上,周光宇等分析了杂交成功的经验,从而设计了自花授粉后外源DNA导入植物的技术。之后,周光宇等开始陆续与邵启全、陈善葆和黄骏麒等协作,分别对小麦、水稻和棉花的外源DNA片段导入进行了研究,都得到了变异的子代。特别是通过黄骏麒和钱思颖确定的棉花外源DNA导入细则(自花授粉8～24 h后,从子房顶部注入DNA)以及段晓岚和陈善葆确定的水稻外源DNA导入细则(自花授粉后1～3 h,将DNA溶液滴于切去柱头的花柱切口处),使棉花和水稻获得了外源DNA导入的结果,转化成株率达到10^{-2}～10^{-1},具有农业分子育种的实用价值。1979年周光宇等发表了《远缘杂交的分子基础——DNA片段杂交假设的一个论证》一文,为通过花粉管通道导入外源DNA进行遗传转化奠定了理论基础。此后,国外对该转化技术也进行了研究。Hess经过多年的努力,于1981年首次报道利用花粉萌发时吸收种内或种间DNA的技术,将外源DNA导入矮牵牛中,获得了来自外源DNA花色的变异子代。1983年,De Wet采用Hess的技术对玉米叶斑病抗性基因进行转移也获得成功。1986年,Ohta在美国科学院院报上报道应用外源DNA与玉米花粉混合授粉,得到当代高频率的胚乳基因转移。1987年,De La等将DNA直接注入黑麦的花器中,获得了转基因黑麦植株。这些研究均为花粉管通道技术提供了实验支持。

20世纪80年代以来,福建农学院陈启峰等应用浸渍培养导入外源DNA的方法,成功地将小牛胸腺DNA导入水稻,获得变异植株;湖南农学院万文举等用浸胚法将玉米 DNA 导入水稻，培育出高产优质水稻新品系；山东农业大学于元杰等以外源 DNA 浸渍小麦种子和幼苗，引起后代性状变异；北京大学生物系何笃修等利用干种子吸胀法，将含有小鼠金属硫蛋白-1(MT-1)的 cDNA 重组分子导入酸浆，获得转基因酸浆，对镉的耐受力较受体对照提高约 1 倍，经分析，MT-1 的 cDNA 已整合至受体各个组织部位的细胞，包括分生组织细胞，并有表达。

植物分子育种是继自然选择、杂交育种、远缘杂交之后，建立在 DNA 分子操作基础上的又一新的育种途径。自国内用外源总 DNA 导入技术培育出水稻和抗枯萎病棉花新品系，国外应用 DNA 重组分子培育出抗除草剂和抗虫烟草开始，标志着植物分子育种已进入实施阶段。就早期的研究而言，由于基因工程技术操作的要求和难度较高，广泛应用还受到限制，因此外源总 DNA 导入的花粉管通道技术自创立以来，即被国内近百家实验室采用，有的获得了在生产上具有推广价值的作物品种和品系。黄骏麒等用耐黄萎病海岛棉 DNA 导入抗枯萎病陆地棉，选育出既耐黄萎病又抗枯萎病的新品种 3118 棉，大田增产 15%，已大面积推广。广西农业科学院李道远等将药用野生稻 DNA 导入栽培稻，选育的糯稻精 D1 号，耐旱、耐瘠、抗早衰、产量高，也大面积推广。中国农业科学院陈善葆等以玉米、高粱、大米草、水稻等 DNA 导入水稻，获得一批供体性状转移的后代，有的可作为育种的新种质，有的直接用于生产。随后采用生殖系统细胞原位转化的技术，已在棉花、水稻、小麦、高粱、大豆、虹豆、蚕豆、白菜、茄子、黄瓜、烟草、油菜、马铃薯、甘蔗以及林木等 40 多种植物上获得了理想结果。

植物分子育种除了前面讲到的独特优点，从遗传育种的角度看，它还能在常规育种培育出的优良生产品种的遗传基础上，进一步提高其生产价值。由于常规育种的种内杂交资源开发日趋极限，而分子育种可以打破种间屏障，选择远缘物种(包括微生物、植物、动物甚至人工合成的 DNA 或基因)对受体植物进行遗传改造。因为分子育种只有一个或少数外源(包括种内)的供体 DNA(基因)导入受体植物，所以能在保持受体植物优良品性的同时，达到预期的育种目标。育种时间比常规育种大大缩短，一般为 3～4 代稳定，甚至一代稳定，而且 DNA(基因)的转化率可以高达 1%左右。此外，以远缘无毒可食种质资源的 DNA(基因)为供体培育出的转基因作物，不存在生物安全性问题，具有广泛的应用前景。

二、植物分子育种的主要目标

现代农业对作物品种的基本要求主要体现在产量、品质、适应性和低成本等方面，既要求高产、稳产、优质，还要能适应一定地区的自然条件和耕作栽培条件。

传统的遗传育种不能打破种间尤其是远缘物种间的屏障，而以上所要求的农艺性状的育种目标有的是由多基因控制的，可目前同时操作多个基因，实现遗传转化仍有困难，因此典型意义的基因工程育种还有一定的局限性。现在的植物分子育种已进入分离识别目的基因、操作重组质粒，通过多途径转化的阶段，它同时包含了植物基因工程和遗传育种的内容。两者的结合不仅是现代分子生物学和遗传育种学发展的必然趋势，同时如前所述，也为作物遗传育种开辟了一条更为广阔的途径。

植物分子育种是在分子水平上进行的作物遗传育种，其目的旨在通过导入有用的外源基因（DNA 片段或重组质粒）获得转基因植物，有目的地改造生物、创造新品种，并达到相应性状指标的要求。从 20 世纪 80 年代首例转基因植物诞生至今，农业生物技术已发展成为高新科技中发展最快的领域之一。已有 200 多种植物获得外源基因的遗传转化，其中在抗虫、抗病、抗除草剂、抗逆、品质改良、创造雄性不育、延缓果实成熟和保鲜以及与育种相关的 DNA 分子标记辅助选择研究等方面，均获得了快速发展和重要突破，这些正是植物育种的主要目标。一批由生物技术改良的大豆、棉花、水稻、小麦、玉米、油菜、甜菜、番茄、苜蓿等作物已经或将要陆续进入市场。随着植物分子育种技术的发展、普及和推广，其必将在农业生产上展示更加广阔的应用前景。

（一）抗虫植物育种

虫害对农业生产的影响十分严重，培育抗虫作物品种可以减轻作物虫害，减少农药的使用，有利于农业生态环境的保护和农产品的安全，因而日益受到重视。从生态学和经济学的观点考虑，作物对病虫害的抗性，一般只要求在病菌流行或虫害发生时，能把病原菌的数量和害虫的密度降到经济允许的水平，而对产量和品质的影响不大即可。由于不同地区和不同时期，主要病虫害的种类和病原微生物的生理小种都有一定的差别，因此抗虫育种要注意联系实际，具有针对性。

苏云金芽孢杆菌（*Bacillus thuringiensis*，Bt）属于革兰氏阳性土壤杆菌，在芽孢形成过程中产生的伴胞晶体主要由具有特异杀虫活性的结晶蛋白（ICP）组成，ICP 被昆虫摄食后在昆虫幼虫肠道内裂解为毒性多肽，可以破坏细胞的渗透平衡，进而导致细胞的肿胀和破裂，昆虫将停止进食，最终死亡。苏云金芽孢杆菌毒素蛋白基因在植物抗虫基因工程中的使用最为广泛。1987 年，比利时的 Vaeck 等首次将 Bt 毒蛋白基因导入植物，获得的转基因烟草可以有效地抵抗烟草夜蛾（*Manduca sexta*）幼虫的侵害。

根据基因结构的特点，苏云金芽孢杆菌毒素蛋白基因多达数十种，不同菌株、不同类型的苏云金杆菌其杀虫性有很大差异，因此一些实验室致力于克隆不同的 Bt 毒蛋白基因，特别是针对鞘翅目昆虫（如马铃薯甲虫等）有毒杀作用的基因，并将不同株系、不同类型的 Bt 毒蛋白基因导入棉花、番茄、玉米、马铃薯、甘蓝、水稻和杨树等植物，均获得了不同程度的抗虫性。

此外，由于 Bt 毒蛋白基因来自原核生物，其密码子与真核生物不完全相同，因而影响了它在植物体内的高效表达。美国孟山都公司在不改变氨基酸序列的前提下，对 Bt 毒蛋白基因进行修饰，改变了 21%的核苷酸序列，消除了不利于高效表达的因素。在 CaMV35S 启动子的控制下，他们将人工合成的全长 Bt 毒蛋白基因导入棉花，获得了高效表达。表达量从原来占可溶性蛋白的 0.001%提高到 0.05%～0.1%，增加了 50～100 倍，抗虫能力也大为增强。中国农业科学院郭三堆等在 1985 年也完成了类似的基因改造工作，并将人工改造后的 Bt 毒蛋白基因导入我国主栽棉花品种泗棉三号、晋棉七号和中棉 12 号等，得到了高抗棉铃虫的转基因工程棉。

蛋白酶抑制剂（proteinase inhibitor，PI）是自然界最为丰富的蛋白种类之一，在植物的天然防御系统中起着重要的作用，它能抑制昆虫消化系统中的蛋白消化酶，从而抑制蛋白质的降解，致使昆虫消化不良，影响生长发育，甚至死亡。PI 基因是仅次于 Bt 毒蛋白基因而广泛使用的第二种抗虫基因。迄今为止，在植物中发现有 3 类 PI，即丝氨酸蛋白酶抑制剂、巯基蛋白酶抑制剂和金属蛋白酶抑制剂。由于大多数昆虫（如大部分鳞翅目、直翅目、双翅目、膜翅目和某些鞘翅目昆虫）所利用的是丝氨酸蛋白消化酶，尤其是类胰蛋白酶，因此与抗虫关系最为密切的是丝氨酸蛋白酶抑制剂。大部分鞘翅目，如谷仓害虫，利用的则是巯基蛋白消化酶。目前已克隆了多种植物的 PI 基因，并已得到一批抗虫效果良好、转蛋白酶抑制剂基因工程植株。1985 年，Hilder 等的研究表明，与 Bt 毒蛋白基因相比，PI 基因具有广谱抗虫的优点，如豇豆胰蛋白酶抑制剂基因（*CPPI*）便是一种广谱抗虫基因，对昆虫有毒害作用，利用 *CPPI* 转化的烟草，能抗鳞翅目和鞘翅目昆虫。采用花粉管通道法，将慈姑蛋白酶抑制剂基因（*SsPI*）导入棉花，获得转 *SsPI* 基因的高抗棉铃虫植株。通过抗虫性鉴定，证实棉铃虫幼虫死亡率达 80%～100%，且能将抗虫性遗传给后代。进一步的研究还获得了转 *Bt*＋*PI* 双基因的抗虫棉。

除了以上提到的 *Bt* 和 *PI* 两种抗虫基因，淀粉酶抑制基因、植物外源凝集素基因、几丁质酶基因、核糖体失活蛋白基因、豌豆脂肪氧化酶基因、昆虫保幼激素基因以及昆虫毒素如非洲蝎和蜘蛛神经毒素基因，也被用来进行抗虫基因工程方面的研究。多价抗虫转基因植物的研究将有利于避免和延缓害虫产生的抗性，不断创新多价抗虫基因将成为今后研究的一个方向。

（二）抗病毒植物育种

植物病毒是造成农业生产损失的重要病原，它们是一类必须依赖于植物才能生存的专一性寄生生物，是地球上已知的最简单的生命形态之一，在组成上主要成分是核酸（DNA 或 RNA）和蛋白质外壳。使用化学方法防治植物病毒病害存在很大困难，目前一般使用抗病品种和脱毒后的无毒种苗来加以防治。随着植物病毒分子生物学的发展，这一领域的研究已取得快速进展。

1986 年，美国 Beachy 研究小组首次将烟草花叶病毒（TMV）外壳蛋白（coat protein，CP）基因导入烟草，培育出抗 TMV 的烟草植株，开创了抗病毒育种的先河。此后，对多种植物病毒进行试验，又相继获得了黄瓜花叶病毒（CMV）、苜蓿花叶病毒（ALMV）、马铃薯 Y 病毒（PVY）、马铃薯 X 病毒（PVX）、烟草线条病毒（TSV）、烟草脆裂病毒（TRV）和水稻条纹叶枯病毒（RSV）等病毒的外壳蛋白转基因植物，均表现出一定程度的抗病毒能力。转 TMV 外壳蛋白基因的番茄田间试验显示，对照植物 100％出现病状，果实减产 26％～35％；而转基因番茄发病率仅为 5％，产量几乎不受影响。这些结果都显示出外壳蛋白途径在农业生产中防治病毒的潜在作用。第一批转基因烟草经历了温室和田间试验后，于 1995 年前后开始应用于大田生产。

至 2025 年，已提出的抗病毒基因工程育种的技术路线有：①导入病毒的外壳蛋白（CP）基因；②利用病毒卫星 RNA；③利用反义 RNA 技术；④利用病毒的复制酶基因；⑤中和抗体法；⑥设计核酶，剪切病毒 RNA；⑦利用植物本身编码的抗病毒基因，如核糖体失活蛋白基因等。其中以 CP 路线发展较为成熟，如上所述，它利用 CP 基因的交叉保护达到防病的目的，获得的抗病毒工程植物已进入田间。

除了转外壳蛋白基因这一有效途径，还建立了多种抗病毒基因工程的新方法。CRISPR/Cas9 系统可精准编辑病毒侵染必需因子或植物感病基因。例如，编辑番茄 *SlTOM1* 基因可显著提高其对烟草花叶病毒（TMV）的抗性；敲除水稻 *eIF4G* 基因可赋予其对多种水稻病毒的广谱抗性。与传统的转基因技术相比，基因编辑不引入外源基因，在安全性方面具有明显优势。

RNA 干扰（RNAi）技术是当前抗病毒基因工程的重要手段。通过构建病毒基因特异性的发夹 RNA（hpRNA）表达载体，可诱导植物产生高效的病毒序列特异性沉默。田间试验显示，表达番木瓜环斑病毒（PRSV）外壳蛋白 RNAi 的番木瓜品种，其抗病性可持续 8 个生长季以上。为提高 RNAi 效率，研究人员开发了串联多靶点 RNAi 载体，可同时靶向多个病毒保守区域。

植物先天免疫系统的工程化改造是新兴研究方向。通过调控模式识别受体（PRRs）或抗病信号通路关键组分，可增强植物基础抗性。过表达拟南芥 *NPR1* 基因的水稻对水稻条纹病毒(RSV)的抗性显著提高。此外,利用人工设计的抗病受体(如工程化 NB-LRR 蛋白)可创造新的抗病特异性。

抗病毒基因叠加策略可延长品种使用寿命。将不同作用机制的多个抗病毒基因组合转化,如同时表达病毒外壳蛋白基因和 RNAi 结构,可有效延缓病毒突破抗性的速度。国际水稻研究所开发的"抗病毒基因堆叠"水稻品系,含有 4 个不同的抗病毒基因元件,对东南亚地区主要水稻病毒表现出持久抗性。

表观遗传调控在抗病毒育种中的应用日益受到重视。研究发现,病毒侵染可诱导植物 DNA 甲基化模式改变,而人为调控这些表观遗传标记可增强抗性。通过编辑 DNA 甲基转移酶基因或小 RNA 通路基因,已成功获得对黄瓜花叶病毒(CMV)具有"表观遗传记忆"的番茄材料。

尽管取得显著进展,抗病毒基因工程育种仍面临挑战。病毒变异导致的抗性突破、多病毒复合侵染的防控、转基因生物安全等问题亟待解决。未来研究将聚焦于广谱持久抗性机制的解析、新型抗病毒元件的开发,以及基因编辑等新技术的优化应用。随着合成生物学和人工智能技术的发展,抗病毒作物育种将进入精准设计和智能预测的新阶段。

(三)抗细菌、真菌植物育种

在植物病害中,大多数为细菌、真菌病害,如在水稻的 240 多种病害中,真菌病害占 90%左右。植物病原细菌、真菌具有细胞结构,且侵染致病机制比较复杂,给生物技术防治带来了困难。自 20 世纪 80 年代从蚕蛹中发现抗菌肽以来,利用抗菌肽或抗菌蛋白及其类似基因进行抗细菌病植物基因工程育种的研究有了快速的发展。在我国,抗菌肽基因工程研究工作虽起步较晚,但进展较快。以 CecropIn B 为蓝本,通过对已报道的抗菌肽的结构和功能的研究,应用计算机模拟,设计合成了具有强抗菌活性的抗菌肽基因,并将其导入我国的马铃薯主栽品种中,获得了比起始品种对青枯病抗性明显提高的转基因株系。

与抗细菌基因工程相比,抗真菌基因工程的研究进展比较缓慢,至 2025 年,还没有理想的高效广谱抗真菌基因。目前的抗真菌基因主要来自植物,有利用转座子标签法从玉米中克隆了抗玉米大斑病基因,以及克隆出番茄的无毒基因和相应的番茄抗性基因。抗性基因和无毒基因的克隆对理解植物的抗性机制具有重要意义。植物在受到病原菌侵染时,会诱导产生各类系统获得性抗性基因的表达,其产物包括几丁质酶、葡聚糖酶、过氧化物酶、渗透素和致病相关蛋白等。将菜豆液胞几丁质酶基因转入烟草和油菜,结果使立枯丝核菌引起的出苗后猝倒病症状减轻。将几丁质酶基因和葡聚糖酶基因导入植物,以获得抗真菌转基因植物的研究则更多。虽然已有许多真菌基因被克隆并应用于抗真菌病基因工程的研究，但至今尚未见到有关应用的报道。因此，寻找新的更为有效的抗菌基因以及对多种抗菌基因的协同作用进行研究将是今后的重点之一。

研究表明植物是通过一系列不同的防御机制的共同协调作用来抵御病原菌入侵的，因此多个基因的转移将会取代单个基因的转移。利用花粉管通道导入总 DNA 的策略有可能发挥积极的作用。

(四)抗除草剂植物育种

采用生物技术提高除草剂的选择性与作物的安全性，对于农业的发展具有重要的意义。目前采用的除草剂主要分两大类：一类是通过破坏氨基酸合成途径来杀死杂草；另一类是通过破坏植物光合作用中电子传递链的蛋白来杀死杂草。根据除草剂的不同作用，进行植物抗除草剂基因工程育种有以下几种主要方法：

(1)将编码具有特定除草剂作用的靶酶或蛋白的基因转入植物，使其超量表达，在转基因植物中产生过量的靶酶或蛋白质，如果除草剂的浓度不足以全部破坏转基因植物体内的酶或蛋白质，那么就不能杀死转基因作物，而可以有效地除去杂草。利用这一原理已成功地获得了抗草甘膦、磺酰脲类、均三氮苯类等除草剂。其中草甘膦是一种高效广谱除草剂，它能与植物中的相关酶结合导致植物死亡。美国由于种植了抗草甘膦除草剂大豆，改变了在大豆田里通常需要使用多种除草剂的状况，增加了草甘膦的用量，而其他种类的除草剂用量则不断下降，大大降低了除草剂的费用。

(2)导入编码降解除草剂的解毒酶基因，其表达产物可以使除草剂解毒。由于不同类型除草剂的作用机理不同，因此选择的解毒酶基因也不尽相同。目前从细菌中获得的解毒酶基因多样，分别转移到辣椒、烟草和番茄中，以增加植物对除草剂的降解作用，提高了植物对除草剂的抗性。

此外，除草剂还是一种抗性标记基因，常用于作物遗传育种和相关的基础研究。

(五)抗逆植物育种

植物对逆境的抗性一直是人们关心的问题。作物对不利的气候、土壤因素等环境胁迫，如寒冷、干旱、盐碱和重金属等的耐受性，除了遗传因素，也可以通过生理适应性锻炼获得提高，但更直接而有效的方法是通过生物技术提高其抗逆胁迫的能力。抗逆基因的分离、克隆和转化一直是国内外研究的热点，目前抗逆基因工程的研究主要集中在逆境条件下才能表达的某些基因(如渗透蛋白基因)，此外便是对抗逆代谢过程中某些酶的研究。现已分离出大量与抗逆代谢相关的基因，如与抗(耐)盐有关的脯氨酸、甜菜碱合成酶基因，与抗冻抗寒相关的鱼抗冻蛋白基因、拟南芥叶绿体 3-

磷酸甘油酰基转移酶基因与一些植物去饱和基因，以及与抗旱有关的基因如茧蜜糖合成酶基因等。有人还从植物中分离到与水分胁迫和抗寒性有关的 cDNA 克隆。

目前，对抗旱、抗寒、耐盐碱和金属离子毒害的分子机理也有了初步了解，已发现有些成分与植物的抗性有关，如一种富含羟脯氨酸的蛋白质与渗透调节有关；叶绿素3-磷酸甘油酰化酶能控制质膜中磷酸甘油的不饱和度，与植物冷冻敏感性有关；将鱼的抗冻蛋白基因导入植物可以增加植物的抗寒性。在细菌和藻类及高等动物中发现的甘氨酸甜菜碱作为渗透保护剂，也能使作物在高盐浓度下免受伤害。

我国在抗逆基因工程研究方面已取得了一些可喜的进展，其中抗盐基因工程研究进展较为显著。中国科学院遗传学研究所将山菠菜甜菜碱醛脱氢酶、黑麦脯氨酸合成酶、大肠杆菌糖醇代谢关键酶-1-磷酸甘露醇脱氢酶等耐盐相关基因转化水稻、草莓、烟草等，获得的转化株其耐盐性均有明显提高。另外，有将克隆的6-磷酸山梨醇脱氢酶基因转入烟草和玉米，分别获得在1.75% NaCl 培养基中有一定耐盐能力的转基因植株的报道。在国外，利用细菌介导法，将蚕豆功能基因 cDNA 导入水稻，在应激诱导表达的情况下，发现转基因水稻中功能基因翻译的酶有过量表达和脯氨酸聚集。第2代转基因水稻在盐和水胁迫条件下的产量比没有转化的对照植株有所提高。

但至今通过转入单个基因以提高作物抗逆性的成功事例仍然非常有限。由于生物对逆境的抗性或适应性具有多样性和复杂性的特点，往往涉及一系列代谢途径的变化，是十分复杂的生理生化过程，涉及的酶很多，受多基因控制，仅解决代谢途径中的某个酶或某个逆境胁迫蛋白，对改善植物的抗逆能力作用甚微。例如，不少耐旱或耐盐植物，在相应的逆境条件下，其光合碳代谢由碳转向景大酸代谢（CAM）途径时，即伴随有诱导新的 PEP 羧化酶基因的表达，加上这类性状在遗传上又常表现为数量性状，也增加了开展这类工作的难度。而利用 RFLP（restriction fragment length polymorphism，限制性片段长度多态性）技术则可以有效地对与植物抗逆性相关的性状进行研究。采用分子生物学手段，进一步研究植物逆境反应的分子机理，并利用已获得的与抗性有关的基因，通过导入不同的植物来观察其对逆境的应答，将为作物抗逆性的分子育种提供可靠的理论依据和实验基础。

随着逆境生理学研究的深入，抗逆境基因工程将会取得很大的进展。研究表明，环境胁迫对植物造成的损害在很大程度上与过量产生的活性氧有关。植物中通常含有相当高浓度的抗氧化物。人们通过基因工程技术，调控植物体内与抗氧化物形成有关的酶类的活性，以提高作物的抗性。

海南大学生物技术研究所以豇豆、辣椒、茄子、番茄等作为模型植物，利用花粉管通道法导入红树和盐藻的基因组 DNA，获得了一批可用海水直接灌溉的耐盐新种质材料。利用染色体原位杂交技术，直观地在染色体上显示了外源 DNA 的整合部位，在花粉管通道转基因研究中，通过细胞遗传学方法研究外源基因的整合。

借鉴国际上抗逆代谢途径功能明确的基因的分离与克隆经验，面对我国人口不断增长，耕地面积迅速减少，水资源日趋匮乏，环境状况急剧恶化，粮食供需矛盾日益尖锐的严峻现实，通过提高作物的抗旱、抗盐、耐养分亏缺能力和提高水分、养分资源利用效率来增加粮食产量、节约资源和改善环境，既是我国农业可持续高效发展的重大需求，也是生命科学、农业科学和环境科学亟待解决的重大课题。为此，进行抗逆作物分子育种研究是非常有必要的。在研究中应充分利用我国遗传资源的优势，以我国特殊的农业生态环境、作物基因型与表型的相互关系为切入点，从分子、细胞和个体的不同水平，深入研究作物对干旱、盐胁迫和养分(磷、钾、铁)亏缺等逆境信息的感受、传递和信号转导的机制，研究作物抗旱、抗盐、耐养分亏缺的相关基因的功能、表达的调控机制和作物适应干旱、盐胁迫和养分亏缺以及逆境条件下对水分与养分高效利用的生理及分子机制，综合揭示作用的本质，确定调节的关键因子，力争在作物抗逆的研究中有重大的突破，从而最大限度地挖掘作物自身的生物学潜力，为培育作物抗逆高效品种和改进抗逆高效的栽培措施，大幅度地提高作物产量和水分养分利用效率提供新理论和新策略，与实现我国资源节约型农业的发展、降低农业成本、改善农业生态环境有着密切的关系。

(六)产量作物育种

作物的产量与多种因素有关，这些因素均直接或间接地源于作物的光合作用。从生理生化方面分析，应以提高光合作用效率(高光效)为目标，减少茎叶相互遮蔽，以充分利用太阳光能。禾本科作物株型紧凑、叶片细长直立，适于增加种植密度，在提高叶面积指数的同时减少互相遮蔽，能充分吸收和利用太阳光能。从形态性状来看，禾谷类作物的产量构成因素为单位面积有效穗数、穗粒数和粒重；棉花的产量构成因素为单位面积株数、每株结铃数、单铃重及衣分；豆类作物的产量构成因素为单位面积株数、每株荚数、每荚粒数及粒重。但各构成因素之间往往相互制约，呈不同程度的负相关，难以同步提高，在育种过程中须予以综合考虑。此外，培育的作物还要有合适的生长期，并不是越早熟越好，否则也会影响作物的产量。在增加作物产量方面，通过改变固氮作用或氨同化作用来提高作物氮的利用率的研究已十分丰富。

(七)改良作物品质

作物的品质需从成分、外观、气味、功能、用途和安全性等方面予以综合考评。不同作物的品质要求不同，同一种作物用于不同的用途，其品质要求也有所不同。优质是一个相对的概念，是与同类产品比较而言的，只要在某一方面比大多数同类产品突出就可以算是优质品种。优质的要求和标准也是不断变化的，总的来说呈越来越高的趋势。就粮食作物而言，作为食品主要是考虑风味、口感和营养；作为饲料则主要考虑粗蛋白含量和高能量，口感和风味并不重要。食用油料作物则要求含油量高和不饱和脂肪酸含量高，不含或尽量少含芥酸、亚麻酸及其他有害物质。而棉麻类作物则对纤维长度、细度、强度和成熟度等有一定的要求。在作物的品质改良方面，种子及其他贮藏器官（块茎、块根、鳞茎等）中蛋白质的含量及氨基酸组成、淀粉和其他多糖类化合物以及脂类物质的组成，都直接关系到这些食物的营养价值或在工业上的用途。至 2025 年，利用基因工程进行植物营养品质的改良主要集中在蛋白质、油脂类和淀粉 3 个方面。

（八）延迟成熟和保鲜

改变果实细胞壁降解酶活性和抑制成熟激素乙烯的生成，可以延缓果实成熟和衰老的过程。果实细胞壁降解与多聚半乳糖醛酸酶 PG 和果胶甲酯酶 PE 活性有关，通过 *pg* 和 *pe* 的克隆和反义遗传转化所获得的番茄转基因植株，果实中 PG 酶和 PE 酶活性受到显著的抑制，从而延缓了果实的成熟。

三、植物分子育种的研究与应用

授粉后外源 DNA 的导入作为一种新的、简便易行的植物分子育种技术，经过多年的发展，其理论依据更加充分，技术也日臻完善，广泛应用于棉花、水稻、大豆、花生、牧草饲料、小麦、蔬菜、烟草等植物的分子育种中，取得了令人瞩目的成就，现概述如下。

（一）在棉花中的应用

20 世纪 80 年代，研究人员将尚麻 DNA 导入海岛棉，选育出在株高、棉铃大小和产量方面均比受体优良的转化株，并保持了受体优良长绒的特性，已经稳定遗传到第 10 代。他们还将野生棉 DNA 导入不同的栽培棉中，获得不同程度的高产、优质、无酚或抗枯黄萎病的新种质。还有将外源红麻 DNA 导入鲁棉 6 号，选育出纤维长度和单纤维强度近似于海岛棉，细度较好又抗病（病株率 5.2%）的优质植株。另外，利用 PCR（polymerase chain reaction，聚合酶链式反应）技术从新西兰大白兔血细胞总 DNA 中扩增出兔角蛋白基因编码区序列，将该基因与棉纤维特异表达启动子重组后，通过花粉管通道法转入棉花，结果表明，转基因棉花在强度和弹性方面发生了有益的变化。

在江苏省农业科学院经济作物研究所和中国科学院上海生物化学研究所协作进行的棉花外源 DNA 导入的育种工作中，经过 8 年多的努力，将上百种不同供受体进行组合试验(包括自身 DNA，种内、种间、属间和科间等外源 DNA 的导入)，其中多数组合能产生变异子代。从这些子代中选育了一批具有经济价值的后代，已通过 6～9 代的栽培，并证明至 3～4 代即成为稳定遗传的品系。如将海岛棉 7124(抗黄萎病)DNA 导入陆地棉 9101，育成能够高抗枯萎病和耐黄萎病的棉花新品种 3118。将抗枯萎病棉 52-128 的 DNA 导入感病品种江苏棉 1 号和 3 号，育成 3072 和 3049 两个高抗枯萎病的新品系，并保持了江苏棉的优良品质。抗病品种 86-1 的 DNA 导入感病品种 67 选系 02034，选育出高抗枯萎病、耐黄萎病棉花新品种郑 721。外源罗布麻 DNA 导入鲁棉 6 号，选育出抗虫(棉铃虫虫株率达 26.7%)、抗盐(在土壤含盐量高达 0.6%的条件下能正常出苗)种质系 91051。采用花粉管通道法，将 A18 基因(抗生菌肽基因)导入泗阳 123，育成抗黄、抗枯的“苏抗 191”新品系。采用花粉管通道法，将来源于甜椒的抗病蛋白基因导入海岛棉 7124 品种中，获得抗角斑病的转基因工程棉株。

(二)在水稻中的应用

中国农业科学院作物所自 1978 年以来，提取大米草、高粱、玉米、紫色稻等 DNA，采用胚珠直接注射法和花粉管通道法将 DNA 导入水稻，获得了具有供体植物特异性状的子代或特殊变异的新类型。经过筛选，有的可以作为种质资源，有的可直接应用于生产。例如，将紫色稻和紫玉米的 DNA 导入水稻，获得紫色性状的转移。大米草 DNA 导入水稻品种早丰，出现株高 35 cm 的矮株类型，籽粒蛋白质含量可达 12.75%(受体为 9%)，分析 16 种氨基酸含量，都显著高于受体早丰。早熟紫玉米 DNA 导入水稻京引 47 的后代 829042，株高变矮，成熟期显著提早。

以正常的水稻品种为受体，在该水稻自花授粉后 2～3 天，将供体叶片和颖壳都是紫色的一个水稻品种的总 DNA 溶液滴注于切去花柱的切口，获得 53 粒种子，46 粒发育成植株，其中 F1 代 19 株有紫色性状，在 F2、F3、F4 群体中，紫色性状超过 80%。

以广西药用野生稻为供体，将其总 DNA 导入高产早籼品种“铁 31”，育成水稻新品种。经同工酶分析，新品种具有导入受体基本酶带，也具有供体一些酶带和一些新酶带。生物学测定结果表明，供体野生稻的耐寒性、耐旱性、功能叶耐衰性、再生性和蛋白质氨基酸含量高等性状均在新品种中得到表达。研究人员还采用改进的花粉管通道法，以高蛋白质含量(14.03%)的黑米品种为供体，蛋白质含量为 7.56%的白米品种为受体，育成高蛋白黑米稻(蛋白质 13.75%)，并开发成黑色系列食品。

以我国生产上大面积推广种植的丰产、抗病优良水稻品种“中花 11 号”为受体，采用花粉管通道法，成功地获得了转 Bt 杀虫基因的水稻植株。分子杂交实验证明，杀虫基因已整合到水稻基因组中并得到了表达。

（三）在小麦中的应用

用花粉管通道法将供体野生一粒小麦、野生二粒小麦、波兰小麦和提莫菲维小麦等的 DNA 导入鄂恩 1 号，在后代中出现一批某些性状偏向供体的变异株。其中一变异株的蛋白质含量为 19.14%，与其供体提莫菲维小麦的蛋白质含量类似，大大超过受体鄂恩 1 号。还有应用花粉管通道法将芦苇草 DNA 导入鲁麦 8 号，其后代在芒、粒色、株高、颖尖的锐钝以及耐盐性等性状上产生了明显的变异的报道。

将二棱大麦 805-111（白粉病和锈病免疫）总 DNA 导入小麦品种“花 76”（农艺性状优，但感白粉病），其子代中出现了抗白粉病等多种变异类型，其中对白粉病免疫和高抗的变异株占 2.77%，并且抗性能向子代传递。这些变异株的产量构成要素、籽粒蛋白质和氨基酸含量也比受体“花 76”高。应用花粉管通道法，将长穗偃麦草总 DNA 导入普通小麦甘麦 8 号，在后代中筛选出对锈病高抗或免疫的单株，且蛋白质和赖氨酸含量均高于受体，并出现了一些性状变异，如穗轴较长、小穗稀疏、颖壳硬、叶脉明显、叶片增厚等。

（四）在玉米中的应用

在国内首次报道了用子房注射法，将 Bt 毒蛋白基因导入玉米自交系，获得一株转基因玉米（T0）自交留种，得到了 71 株 T1 代的植株。转基因玉米（T0）经点渍法、Southern 吸印/分子杂交，以及 PCR 扩增，均获得阳性结果；用 T1 代植株叶片 DNA 进行 PCR 扩增，在 71 株中均呈阳性反应；对其中 4 株进行抗虫测试，均呈现一定的抗虫效果。在海南岛用玉米再次进行子房注射，也获得了成功，这说明该方法是可重复的，从而为利用基因工程技术改造玉米开拓了新的途径。

（五）在蔬菜中的应用

以紫菜苔为供体，以旱皇白菜自交系为受体，通过子房注射法将供体总 DNA 注入受体开花后不同时期的白菜角果，大白菜的后代获得在叶面、叶背或叶脉上程度不同地具有茸毛及叶片表现紫色羽状全裂、绿色羽状全裂等变异类型。

在中国长茄人工授粉 24 h 后，注射粘毛茄 DNA，后代变异率达 23.48%。将大豆 DNA 导入茄子引起变异。用花粉管通道法，将海洋盐生植物红树总 DNA 导入茄子，发现子代茄子在海水高盐胁迫下，白天气孔几乎关闭，以减少蒸腾；而对照茄子在海水高盐胁迫下，气孔的孔隙反而加大。筛选出耐盐转化株，约 90%能开花结果，耐盐能力明显增强。

采用花粉管通道法，将红树 DNA 导入番茄，经海水直接灌溉和多次单株筛选，已分别传至第 9 代，并已进入品系培育，命名为“海大一号”，其糖、酸、维生素 C 和矿物质含量都有所增加，品质和风味更佳。对耐盐番茄进行染色体原位杂交鉴定，结果显示不同株系的外源片段杂交信号分别位于染色体的亚端部和染色体中部近着丝粒区，在相同的杂交条件下对照株未检测出杂交信号。这表明外源红树 DNA 片段已成功导入番茄并与其基因组发生整合，转化番茄后代的耐盐性提高与番茄基因组的变异有关。利用细胞遗传学方法，不仅证明了用花粉管通道技术将外源 DNA 转入番茄获得成功，而且还直观地在染色体上显示了外源 DNA 的整合部位。

(六)在花卉中的应用

花卉作为一类以观赏为主的植物，市场需求不断增长，竞争也日趋激烈，分子育种技术为其性状改良提供了全新的思路。近年来，已在花期、花色、花型、株型、生长发育、香味、采后保鲜等方面取得了重要进展。例如，在控制花的颜色方面，可以通过影响花色素代谢的两类基因来改变花的颜色：一类是不同植物共同具有的结构基因，它直接编码花色素代谢生物合成酶；另一类是控制结构基因表达强度和方式的调节基因。延长花卉的观赏期也是研究的热点之一，已有的研究表明，控制乙烯合成与延长衰老有关。ACC 合成酶和 ACC 氧化酶是植物乙烯生物合成过程中的关键性酶，其活性的增强可加速乙烯的大量生成，而且衰老过程中 ACC 氧化酶基因的表达和 ACC 氧化酶活性的提高先于 ACC 合成酶基因的表达和 ACC 合成酶活性的提高，因此通过导入反义 ACC 合成酶基因与反义 ACC 氧化酶基因可阻止乙烯生化合成，延长花期和鲜切花的寿命。目前该基因已在香石竹、矮牵牛等植物中获得成功转化。也有人将花卉的某些有效基因用于改良其他植物的品质，如从黄水仙中分离到植物醇合成酶基因，它可在缺胡萝卜素的植物体内合成维生素 A 前体，将其转入水稻，已获得富含胡萝卜素的转基因水稻。至 2025 年，已获得转化体系和转化植株的有菊花、石斛、郁金香、安祖花、矮牵牛、月季、香石竹、唐菖蒲、仙客来、麝香百合、草原龙胆、金鱼草、向日葵等。

以基因工程技术为主导的植物分子育种技术与传统育种方法各有所长，因此分子育种与传统育种方法必须紧密结合，在传统育种基础上应用基因工程技术改良某些运用传统育种所不能取得的性状，并将转基因植物的外源目的基因持续地遗传给后代，或通过有性生殖转移到别的品种中去。同时从学科来看，植物分子育种需要植物学、作物栽培学、分子生物学、细胞遗传学、分子遗传学、数量遗传学、植物化学、生物化学等多学科的共同协作，因此应加强有关部门、行业和学科之间的合作与交流，使植物分子育种获得更为全面持续深入的发展。

(七)在药用植物中的应用

药用植物分子育种取得重要突破,人参皂苷合成关键基因 *PgCYP716A53v2* 的鉴定为高皂苷品种选育提供指导,紫杉醇合成途径的解析推动其工业化生产。当前,分子育种正朝着多组学整合方向发展,基因组、转录组和代谢组数据的融合催生了“设计育种”新范式。人工智能技术的引入进一步提升了育种效率,机器学习算法在亲本选配和性状预测方面展现出强大潜力。基因驱动系统和表观遗传调控为性状稳定遗传提供新思路,但基因编辑作物的商业化仍面临伦理和法规挑战。总体而言,分子植物育种正在推动农业生产方式变革,其与人工智能、合成生物学的深度融合将开启“定制化育种”新时代,为应对气候变化、保障粮食安全提供关键技术支撑。未来研究需重点关注技术优化、多性状协同改良及产业化应用,同时加强生物安全评估和国际法规协调,确保技术创新与可持续发展的平衡。随着技术的不断突破和应用范围的持续扩展,分子植物育种必将在全球农业发展中发挥更加重要的作用。

第二节　植物分子标记辅助选择育种

分子标记辅助选择(marker-assisted selection, MAS)育种是一种将分子标记技术与传统育种方法相结合的现代育种策略。其核心在于利用与目标性状紧密连锁的DNA 分子标记,在早期世代对植株进行基因型筛选,从而显著提高育种效率和准确性。与传统表型选择相比,MAS 具有不受环境影响、可在幼苗期进行选择、能够鉴定隐性基因等突出优势。该技术特别适用于质量性状和数量性状位点(quantitative trait locus,QTL)的选育,已成为现代作物遗传改良的重要工具。

分子标记辅助选择育种主要包括以下几种形式:一是基于连锁标记的选择,利用与目标基因紧密连锁的分子标记(如 SSR、SNP 等)进行间接选择;二是基于功能标记的选择,直接针对功能基因内的多态性位点进行筛选;三是全基因组选择(genomic selection, GS),利用覆盖全基因组的分子标记信息建立预测模型,实现对复杂性状的早期选择。此外,近年来发展的单倍型分析和基因芯片技术进一步拓展了 MAS的应用范围,使其在作物抗病性、品质改良和逆境适应等育种领域发挥着越来越重要的作用。

一、植物遗传转化的主要方法

随着DNA重组和植物组织培养技术的发展，分子育种已成为植物育种的一个重要研究领域。植物分子育种即基因工程育种，是指将外源DNA片段或包含目的基因的重组DNA分子转移到受体细胞的一类植物育种技术。经过多年的科学实践，植物分子育种已发展建立了一整套有别于传统植物遗传育种的、切实可行的外源基因（DNA）转化、筛选和鉴定的技术。由于它可以打破物种间遗传物质横向转移的壁垒，创造出新的作物品种，因此为作物品种改良开辟了一条更为直接有效的途径。植物分子育种的方法有很多，这里以植物转基因为例，介绍转基因过程基因转移与转化体筛选的一些主要方法。

（一）基因转移的方法

1.农杆菌介导法

农杆菌是普遍存在于土壤中的一种革兰氏阴性菌，能够在自然条件下感染植物受伤的部位，并诱导产生冠瘿瘤或发状根，其实是一种天然的植物遗传转化体系。农杆菌有两种，即含有Ti质粒的根癌农杆菌（*Agrobacterium tumefaciens*）和含有Ri质粒的发根农杆菌（*A. rhizogenes*）。根癌农杆菌的Ti质粒一部分进入植物细胞与植物基因组整合，致使植物形成肿瘤。农杆菌转入植物的DNA片段称为转移DNA。只需将目的基因插入经过改造的T-DNA区，借助农杆菌的感染，即可实现外源基因向植物细胞的转移与整合，然后通过细胞的组织培养，获得转基因植株。由于农杆菌转化系统既简单又无须贵重仪器设备，因此一直受到人们的关注。农杆菌致病基因的一部分在酸性环境和酚类诱导物存在的条件下才能转入植物细胞并插入植物基因组，实现遗传转化。由于大多数双子叶植物在受到伤害时，会产生酚类诱导物（如乙酰丁香酮），因此在农杆菌介异转化研究的初期，农杆菌的介导常用于双子叶植物的转化。1994年以后，由于乙酰丁香酮及其类似物的发现，农杆菌介导法才在一些单子叶植物，尤其是水稻中获得重大进展，使之得到更为广泛的应用，成为目前最常用的一种方法。

Ti质粒是存在于根癌农杆菌细胞核外的一种双链环状DNA分子，长度约200 kb，分子量为(90～150)×10 Da，在低于30 ℃条件下，Ti质粒可稳定地存在于根癌农杆菌中。Ti质粒最重要的两个区域是T-DNA区和致瘤区。T-DNA是Ti质粒中唯一能够与植物染色体整合的序列，而致病区中的一系列基因则起着辅助整合的作用。Ti质粒带有合成冠瘿碱的相关基因，能合成正常植物体内所没有的冠瘿碱。

它主要包括章鱼碱、胭脂碱，此外还有农瘘碱和农杆碱等。这些生物碱为土壤农杆菌的生长提供了必要的碳源和氮源。

由于农杆菌是通过伤口侵入的，因此所有接种方法必须事先在受体细胞或组织上造成伤口。目前常用的农杆菌介导法有以下几种：

(1)叶盘法：是一种简便易行和应用广泛的技术，已被成功地用于烟草、番茄、矮牵牛和杨树等植物的转化。该法以植物叶片作为具有遗传一致性的受体，通过组织培养再生完整植株。具体操作是用打孔器从叶片切取直径为2～5 mm的小圆片，即叶盘，将叶盘在过夜培养的农杆菌菌液中浸泡数分钟后，于培养基上培育2～3天，然后转移到含有抗生素的选择培养基上生长，未经转化的细胞将被抗生素杀死，而转化细胞则直接再生成植株。叶盘法经过改良可用于茎段、叶柄和萌发种子等其他外植体的转化。

(2)原生质体共培养转化法：以原生质体为受体细胞与农杆菌共同培养。用含有目的基因的农杆菌去转化植物细胞，在含有抗生素的培养基上筛选出具有抗性标记的转化细胞，然后用特定培养基诱导这些细胞形成植株。与叶盘法相比，该法所得到的转化体不含嵌合体，一次可以处理多个细胞，得到相对多的转化体，是目前最常用的方法。通过农杆菌介导所获得的转基因植物，大多是采用这种方法。

(3)直接接种法：是一种用农杆菌直接感染植物进行遗传转化的方法。具体做法是取对数生长期的含有目的基因的农杆菌用针刺或刀片切割等方法直接接种离体培养枝条，或剪去枝条顶端用吸管等直接滴注农杆菌侵染植物伤口，感染后，取瘤状组织或毛状根进行继代培养，选择转化体。该方法简便易行，且培养基不与农杆菌直接接触，污染较少，一般12～16周即可获得转化的再生植株。应用此法时应选用生活力和感染力较强的工程菌株。

2.基因枪法

基因枪法，又称为高速微弹法、粒子枪法、微弹轰击法。它是将DNA附着在高速运动的金属微粒表面，导入受体细胞的一种遗传转化方法。首次用基因枪将烟草花叶病毒RNA和*Cat*基因分别导入洋葱细胞，研究人员还将*Gus*基因导入玉米原生质体，都得到瞬时表达。此后该法被迅速广泛地用于转基因研究。其基本原理是将外源基因(一般为带载外源目的基因的重组质粒DNA)附着在重金属如钨或金的颗粒上，然后在一个真空小室中用高压进行轰击，使之直接进入植物细胞或愈伤组织、分生组织、花粉和茎尖，少数基因与基因组整合而获得表达并可能传代。其中，幼胚组织是最好的材料。轰击后的植物组织经过3～4次选择，得到抗性培养物，然后再生成转基因植株，经分子生物学和生物学的鉴定，从中选出优良转化株进入育种程序。该技术成功的关键是能否从转化细胞再生出可育的植株。

与农杆菌介导法相比，基因枪法的主要优点是不受受体植物范围的限制，几乎任何植物组织或细胞都可以使用基因枪进行转化，而且其载体质粒的构建也相对简单，同时进入组织的深度还可以通过轰击压力和空间距离来控制。因此，基因枪技术出现后，大大促进了转基因理论研究和产业化应用的进程，尤其是在进行转化方法的优化、构建质粒的测试、特殊启动子的功能研究等方面发挥了重要的作用，成为转基因研究中应用较为广泛的一种方法。此外，该法操作也较为简便，而且可以同时导入几个含不同外源基因的质粒。目前这种方法的转化率已达到8%～10%。该技术的缺点是转入的基因拷贝数是随机的，常常多于一个拷贝，使导入的外源基因表达水平降低或沉默，也容易导致一些较大片段的基因断裂。同时由于其整合的机理尚不清楚，得到的转化体往往是嵌合体，且仪器价格也十分昂贵，因此推广使用还存在一定的局限。

基因枪转化法的重要性在禾本科等单子叶植物中居于首位，而在双子叶植物中次于农杆菌转化法。目前，用基因枪法转化成功的实例以单子叶植物为多。禾本科植物一直被认为转化的难度大，但经过近几年的研究取得了很大的进展，三大作物(玉米、小麦、水稻)以及黑麦、大麦、糖料作物甘蔗、多种牧草等植物的遗传转化都已取得成功。对于双子叶植物大豆的研究最为系统，不仅已作为基因枪转化的模式系统，而且已逐步趋于实用化。

3.原生质体转化法

植物原生质体是去除细胞壁的“裸露”细胞，具有全能性，能在适宜的条件下培育出再生植株。大量双子叶和单子叶植物原生质体再生植株的研究取得了重大进展，已有烟草、番茄、水稻、小麦和玉米等200多种高等植物原生质体培养获得成功，为利用原生质体进行基因转化奠定了基础。使用原生质体代替细胞或组织进行基因操作有两个主要的原因：一是被分离的单个细胞的原生质体已剥去细胞壁，有利于外源基因穿过质膜；二是从一个原生质体再生的转基因植株的所有细胞都将含有外源基因。由于原生质体培养系统可以提供大量的单细胞，因此在植物转基因研究的初期，很多实验室使用原生质体作为转化受体体系。为此，除需要良好的分离制备原生质体的技术外，转化后的原生质体还要有良好的再生能力。有人从甜菜的气孔保卫细胞分离出原生质体并成功地建立了以原生质体为受体体系的转化系统，与以胚性愈伤组织和子叶为外植体的甜菜转化系统相比较，发现来自气孔保卫细胞的原生质体的再生能力可能与基因型无关。这也许能为其他不易转化的植物提供一条新的转化途径。

(二)转化体筛选方法

常规育种工作的最基本要求是根据育种目标进行生物学性状和农艺性状的鉴

定，如高产、稳产、优质、抗病、抗虫、耐除草剂、抗逆境胁迫等。植物遗传转化的重要环节是对转基因植物的确证，主要包括外源基因的整合状况、基因表达和遗传特征的鉴定等。植物分子育种需要对其后代进行目标性状的生物学鉴定和分子生物学鉴定。一般而言，由于分子生物学鉴定的工作量大、技术难度高和研究成本较高，因此应先进行生物学鉴定，淘汰大量非转化株，保存少量转化株，以便进一步进行分子生物学鉴定。

1.目标性状的生物学鉴定

抗棉铃虫生物学鉴定主要用于对导入总 DNA 或重组 DNA 的子代种子进行初步筛选。以棉花为例，具体做法是：利用温室条件或早春苗床条件，将子代种子直接播于营养钵内，当棉苗长出一片拇指大小真叶时，用毛笔挑取健壮的 1 龄棉铃虫幼虫 8 头，逐株接在棉苗真叶上，第四天检查，拔除中低抗苗，留下高抗苗。高抗苗的标准是：心叶完整，真叶上受害不连片，活幼虫不超过两头。中低抗苗的标准是：心叶不完整，真叶上被害状连片，有两头以上活幼虫。生物学鉴定出的子代种子，一般能留下高抗苗 8～15 株/万份，再将留下的高抗苗立即移入盆钵，当苗发育到 7～12 片真叶时，再按单株鉴定方法淘汰一次中低抗苗，一般淘汰率为 10%～20%。

抗病性的生物学鉴定以水稻抗白叶枯病鉴定为例。首先建立人工病圃，病圃要增施氮肥。一般采用新分离菌或病叶浸出液作为接种菌液，菌龄 3 天，菌液浓度为 3 亿个/毫升。接种时间应选在适宜的气温（28～30 ℃）条件下。将子代和对照株的种子播种后，于水稻分蘖后期，在剑叶抽出时，用剪刀蘸取菌液，剪叶接种。于剪叶接种后 3 周左右进行调查。分级标准如下：

0 级：剪口处仅有伤痕，无病斑。

1 级：剪口处有少量病斑，其面积在 1 cm^2 以下。

3 级：病斑面积在 1 cm^2 以上，但不超过 1/4 叶面积。

5 级：病斑面积占叶面积 1/4 以上、1/2 以下。

7 级：病斑面积占叶面积 1/2 以上、3/4 以下。

9 级：病斑面积占叶面积 3/4 以上。

之后，淘汰大量不抗苗，将当选的高抗苗进行 PCR、Southern 杂交等分子生物学鉴定，确认外源基因的导入。

耐盐性鉴定以海水耐盐为例。将导入 DNA 的后代和对照株（受体）种子，先分别在育苗盘中用淡水土育苗，待株高达到 5～8 cm，有 3～4 片真叶时，移至海滩地，待生长稳定后，再用海水直接浇灌（雨天不浇）筛选。海滩地沙质土壤基础含盐量为 0.1%～0.3%（蔬菜作物的生长盐度范围一般在 0.06%～0.2%NaCl 之间），pH 值为 6.5～7.2，海水含盐量为 2.3%～3.0%。每次实验株数 1000～3000 株，转化株中大部分不能耐受海水的高盐胁迫，会陆续死亡。在存活的植株中有 55%～60%可以开花、结果，能完成整个生长周期。之后，将初选的抗盐性好的植株进行 PCR 等分子生物学鉴定，以确认外源基因的导入。

2.分子生物学鉴定

当前对于外源目的基因整合和表达的鉴定，最常用的方法是核酸分子杂交。该方法是指具有一定同源性(某一区段碱基互补)的两条核苷酸单链，在一定条件下(适宜的温度、离子强度等)，可按碱基互补原理形成稳定的杂交双链 DNA 分子的过程。杂交的双方是待测核酸序列和探针。待测核酸序列(靶序列)可以是基因组 DNA、细胞总 RNA 或克隆的基因片段。探针是指用于检测的已知核酸(DNA 或 RNA)片段，将这一已知序列的核酸片段进行放射性同位素或生物素标记，即可示踪检测。分子杂交具有很高的灵敏度(可检出 10^{-12} g，即 1 pg DNA 样品)、特异性强(可鉴别出 20 个碱基对左右的同源序列)，已广泛应用于克隆基因筛选、酶切图谱制作，以及基因组中特定基因序列的定性、定量检测。转基因植物鉴定所涉及的核酸分子杂交有 Southern 杂交、Northern 杂交和细胞原位杂交。导入带有标记基因的质粒将为转化的检测提供必要的分子生物学依据。无论是重组质粒还是总 DNA 的导入，只有从细胞分子遗传学的角度采用相关的技术，如染色体原位(DNA)杂交的技术对转化株染色体 DNA 的整合进行检测，才能最终为受体转化的结果做出可靠而充分的判断。若能与筛选工作结合起来，即时跟踪检测，则可大大缩短筛选培育的时间，更快速而有效地达到分子育种的目的。

3.基因组鉴定

基因组鉴定包括聚合酶链式反应(PCR)、随机扩增多态性 DNA(randomly amplified polymorphic DNA，RAPD)反应、限制性片段长度多态性(restriction fragment length polymorphism，RFLP)等。

PCR 是一种体外选择性扩增特定 DNA 片段的核酸合成技术，由 Mullis 等于 1985 年建立，在 1993 年获得诺贝尔化学奖，已成为检测转基因植物的最常用技术之一。PCR 包括变性、退火、延伸 3 个步骤。PCR 成败的关键取决于一对上下游引物的碱基组成、长度及与靶序列的同源性等。由于现今使用的报告基因的序列是已知的，据此可设计出相应的引物，因此 PCR 可用于转基因植物的快速鉴定。但值得注意的是，PCR 鉴定的阳性结果，只说明在被检测的样品中含有与 PCR 引物非常相似的同源 DNA 序列，而不能完全肯定检测到的目的 DNA 序列是否已被整合。尽管如此，PCR 技术仍经常用于对转基因植物分子生物学的初步鉴定，并广泛用于转基因当代筛选和后代分离比例的分析。

RAPD 分析是在 PCR 基础上发展起来的，该技术是一种用单个或多个随机引物，经 PCR 酶促扩增特异 DNA 片段，从而得到多态性图谱作为遗传标记和进行多态性分析的方法。RAPD 反应之后，进行琼脂糖凝胶电泳，回收受体中没有而在转化后代中出现的、位置与供体 DNA 扩增产物相同的带谱，纯化后进行克隆，获得重组子，经酶切鉴定，证明目的片段为克隆片段，然后进行序列测定。

RFLP 分析是指用限制性核酸内切酶切割 DNA 后，由于切点间的插入、缺失、重组或突变引起的不同基因型间 DNA 片段长度差异的一种分析方法。这种同源序列的酶切片段在长度上的差异，可以通过已克隆到的 DNA 片段作为同源序列的探针，经过 Southern 杂交和放射自显影或非同位素技术显示出来，通过分析，可以获得差异的信息，同时也可以对基因本身的细微结构有一定的了解。

4.外源基因表达蛋白检测

目前主要通过电泳技术对外源基因表达蛋白进行检测。为此，首先需要进行蛋白质或蛋白质片段的分离纯化，通常采用的技术有常规层析、高压液相层析、电泳技术等。由于电泳是在变性条件下进行的，会使被分离的蛋白质丧失生物活性，因此当被分离的蛋白质需要检测生物学性质时，往往将电泳分离安排在最后进行。

5.细胞遗传学分析

细胞原位杂交是一项组织化学与分子杂交相结合的技术，该技术利用含有互补序列的 DNA 或 RNA 探针，直接检测在细胞或组织内染色体特定的 DNA 或 RNA 序列，用于鉴定外源基因和 DNA 序列在染色体上的位置。原位杂交应用于鉴定转基因植物时，以外源基因为探针，在适当的条件下，探针与固定在玻片上的变性染色体中的互补序列形成稳定的杂交体，然后根据探针标记的性质进行检测。放射性同位素标记的探针，通过放射性自显影检测；酶标记探针通过显色反应检测，在显微镜下观察。根据不同的被检材料和检测内容，采用不同的探针标记方法与检测系统。目前常用的有荧光原位杂交、基因组原位杂交和原位杂交显带技术等。这些原位杂交技术已在植物细胞学、植物分子细胞遗传学和植物分子生物学等领域发挥着重要作用。

遗传学鉴定包括两部分，即遗传稳定性和转化植株后代基因分离比例的分析。遗传稳定性的鉴定一般是对导入外源基因的植株连续进行 5～6 代目的性状的生物学跟踪观测，以确定预期的性状能否在转化植株中稳定遗传。另外，常常用分子生物学的方法如 PCR 技术，对后代进行分析。转化植株后代基因分离比例的鉴定可以提供导入外源基因整合的信息。遗传学鉴定获得的信息，有助于从转化群体中筛选出能够将外源基因稳定遗传且具有单拷贝的个体，它们才是在生产实践中可能有实际应用价值的转化体。

二、DNA 分子标记技术分类

DNA 分子标记是遗传标记的一种类型，遗传标记可以明确反映遗传的多态性。

DNA 分子标记是继形态标记、细胞标记和生化标记的一种较为理想的遗传标记，它直接反映了植物 DNA 水平上的遗传多态性，甚至包括单个核苷酸的变异。DNA 分子标记不受基因表达的影响，可在任何组织、任何发育阶段进行检测，而且大多数分子标记呈共显性，因而对隐性农艺性状的选择十分有利。此外，基因组 DNA 的变异极其丰富，分子标记的数量几乎是无限的，而且所有生物的检测程序基本一致，可以被广泛应用。因此，分子标记技术的发展和应用为植物标记辅助育种开辟了一条崭新的途径。

分子标记技术的研究始于 1980 年，技术的发展大致经历了 3 个阶段。

第一代分子标记技术以限制性片段长度多态性（RFLP）为代表，开启了分子标记辅助育种的新纪元。RFLP 技术利用限制性内切酶和 DNA 杂交原理，首次实现了对基因组多态性的可视化检测。这一时期的标记技术虽然通量较低，但具有共显性、重复性好等优点，为早期遗传图谱构建和重要农艺性状定位奠定了基础。例如，利用 RFLP 标记成功构建了玉米、水稻等作物的第一代遗传连锁图，并定位了多个抗病性和品质相关 QTL。然而，RFLP 技术操作复杂、周期长、成本高，且需要放射性标记，这些局限性促使研究者开发更高效的标记系统。同期发展的随机扩增多态性 DNA（RAPD）和扩增片段长度多态性（amplified fragment length polymorphism，AFLP）技术在一定程度上提高了检测通量，但稳定性和重复性较差。第一代分子标记技术的主要贡献在于验证了 DNA 水平多态性的育种价值，为后续标记技术的发展提供了重要参考。

第二代分子标记技术基于 PCR 的标记系统，标记技术以简单序列重复（SSR）和单核苷酸多态性（SNP）为代表，标志着分子标记技术进入高通量时代。SSR 标记（又称微卫星标记）具有多态性高、分布广泛、共显性等优点，成为构建高密度遗传图谱的理想选择。国际水稻研究所利用 SSR 标记构建了包含 3000 多个标记的水稻遗传图谱，极大促进了水稻重要基因的精细定位。随着测序技术的进步，SNP 标记因其数量庞大（全基因组可达数百万个）、检测通量高、成本低等优势逐渐成为主流。Illumina 公司的 SNP 芯片技术（如玉米 50K 芯片、小麦 90K 芯片）实现了对全基因组范围的快速扫描，使基因组选择育种成为可能。这一时期的重大突破还包括基于竞争性等位基因特异性 PCR（kompetitive allele-specific PCR, KASP）的功能标记开发，以及靶向测序基因型检测（genotyping by sequencing，GBS）等简化基因组技术的应用。第二代分子标记技术推动了从“标记辅助选择”向“基因组选择”的范式转变，显著提高了复杂性状的育种效率。

第三代分子标记技术以全基因组测序（whole genome sequencing，WGS）和基因分型测序（genotyping by target sequencing，GBTS）为代表，标志着分子标记技术进入单碱基分辨率时代。随着第三代测序技术(如 PacBio、Nanopore)的发展,长读长测序解决了复杂基因组组装难题,而高通量、低成本的二代测序(如 Illumina)则实现了大规模群体的深度重测序。基于测序的标记系统不仅能检测 SNP,还能识别结构变异(structure variation,SV)、拷贝数变异(copy number variation,CNV)等新型标记,全面揭示基因组多样性。例如,中国农业科学院利用 10+5GBTS 技术开发的水稻 50K 液相芯片,可同时检测 5 万个 SNP 和结构变异标记。人工智能技术的引入进一步提升了标记开发效率,深度学习算法可预测功能性标记与表型的关联强度。当前,分子标记技术正朝着多组学整合方向发展,结合表观基因组(如 DNA 甲基化)、三维基因组等数据,构建更精准的育种预测模型。未来,随着单细胞测序和空间转录组等前沿技术的成熟,分子标记将实现从组织水平到细胞水平的跨越,为精准育种提供更强大的工具。

分子标记技术的未来发展将呈现三大趋势:一是超高通量化,随着测序成本持续下降,全基因组重测序有望成为常规育种手段;二是智能化,人工智能将深度参与从标记开发到育种决策的全流程;三是动态化,实时监测基因表达和表观遗传变化的活体标记技术可能成为现实。然而,技术发展也面临诸多挑战,包括海量数据的存储与分析、标记-性状关联的生物学机制解析以及技术推广的成本效益平衡等。特别是在基因编辑等新兴技术快速发展的背景下,如何将分子标记与基因设计育种有机结合起来,将是未来研究的重点方向。总体而言,分子标记技术将继续在作物遗传改良中发挥核心作用,为实现"设计育种"和"智慧农业"提供关键技术支撑。

三、分子标记辅助选择

在植物育种工作中,对目标性状的选择是最为重要的环节之一,因而采用有效的选择手段可以大大提高选择的效率和可靠性。特别是对于一些目标性状只出现在生长发育后期的植物而言,选用不受发育时期限制的选择方法显得更为重要。由于分子标记是直接针对基因型的识别,并且不受植物个体发育时期的限制,因此我们能够借助分子标记对目标性状的基因型进行选择,这称为分子标记辅助选择,是分子标记在植物育种中的主要应用。

与表型性状和同工酶标记进行个体选择相比,分子标记辅助选择具有以下特点:

(1)可以克服性状基因型难以鉴定的困难。当等位基因为隐性基因,或等位基因与其他基因或环境之间存在互作时,环境改变会使不同基因型表现为部分或全部相同的表型,对多基因控制的性状(如数量性状)来说更是如此,这就使得对基因型的鉴定更加困难。利用分子标记技术则可以部分地克服基因型鉴定的困难。

(2)可以克服性状标记中一些表现型不易鉴定的困难。有的性状其表现型鉴定具有一定的难度,如育性恢复、广亲和性、光温敏不育和一些抗病性及抗逆性等。这些性状受环境的影响很大,往往难以进行准确且直接的鉴定,而且鉴定费时费力。采用分子标记技术进行鉴定具有重要的现实意义。

(3)可以进行早期选择。有很多重要性状(如产量和后期叶部或穗部病害抗性等)只有在成熟植株上才能表现出来,特别是对于一些生长周期很长的植物,采用传统方法在播种后数月甚至数年均不能对其进行有效选择。而利用分子标记技术则可以在播种后短期内对幼苗,甚至对种子进行检测,可以大大节省培育植株所需的人力、物力和财力。

(4)选择范围更广和强度更大。在对幼苗进行早期选择时可以把更多的群体纳入研究选择的对象之中,从而可以提高选择强度。

(5)可进行非破坏性的性状评价和选择。有很多性状是在成熟前进行评价的,这往往会给种子的收获带来困难。如对植株进行病虫害抗性评价和选择时,可能导致收获到的后代种子减少,甚至收获不到种子。而利用分子标记技术只需少量叶片或其他组织,对植株的生长发育影响不大,以便育种工作者同时对该育种群体进行其他性状的选择。

(6)可提高回交育种效率。遗传学课本实例,利用传统回交方法将一个野生种的优良基因转移到栽培品种中,回交 20 代以上还有可能带有 100 个以上的非期望基因。如果是数量性状位点的转移,则更加困难。而利用分子标记技术可以使育种效率提高至少 10 倍。另外,利用分子标记技术可以对隐性性状进行不间断的回交(传统回交是隔代回交),从而提高基因的回交转移速度。

分子标记辅助选择在现代作物育种中发挥着关键作用,其应用领域广泛而深入。

在种质资源评价方面,分子标记辅助选择技术能够快速鉴定种质资源的遗传多样性和亲缘关系,为育种亲本选配提供科学依据。例如,利用 SSR 标记对水稻核心种质进行聚类分析,可准确划分籼粳亚种并鉴定特殊种质材料。在基因定位与克隆方面,分子标记辅助选择技术通过构建高密度遗传连锁图,可实现对重要农艺性状的精细定位。中国科学家利用 SNP 标记将水稻粒长基因 *GS3* 的定位区间缩小至 7 kb,为基因克隆奠定了基础。

在回交育种中,分子标记辅助选择技术可显著提高背景恢复效率,传统回交需要 6 至 8 代才能达到理想的背景恢复率,而结合前景选择和背景选择的分子标记辅助选择技术仅需 2 至 3 代即可完成。

抗病育种是分子标记辅助选择应用最成功的领域之一,通过检测与抗病基因紧密连锁的分子标记,可快速聚合多个抗病基因。国际玉米小麦改良中心(International Maize and Wheat Improvement Center,CIMMYT)利用分子标记成功将小麦抗

秆锈病基因 *Sr2*、*Sr25* 和 *Sr26* 聚合到优良品种中，培育出具有持久抗性的新品种。

在品质改良方面，分子标记辅助选择技术能够精准选择影响品质的关键基因型，如水稻香味基因 *badh2*、小麦高分子量谷蛋白亚基基因等。中国农业科学院通过分子标记辅助选择技术培育出直链淀粉含量适中的优质水稻品种“中香 1 号”。

在杂种优势利用中，分子标记辅助选择技术可用于亲本纯合度检测、杂种纯度鉴定和优势群划分。玉米育种中利用 SNP 标记进行杂种优势群划分，使杂交组合选配效率提高 30%以上。

在逆境育种方面，分子标记辅助选择技术能够选择与抗逆性相关的 QTL，如水稻耐盐基因 *Saltol*、小麦抗旱基因 *Dreb1* 等。菲律宾国际水稻研究所利用与 *Saltol* 基因连锁的标记，成功将耐盐性导入多个主栽品种中。

在基因组选择育种中，MAS 技术通过全基因组范围内的标记效应值预测，实现了对复杂性状的早期选择。美国先锋公司利用基因组选择技术使玉米育种周期缩短了 40%。分子标记辅助选择技术还广泛应用于无性繁殖作物的育种中，如果树、马铃薯等，通过 DNA 指纹图谱进行品种鉴定和纯度检测。

在基因聚合育种中，分子标记辅助选择技术可以同时追踪多个目标基因。中国科学家利用分子标记辅助选择技术成功将水稻抗稻瘟病基因 *Pi1*、*Pi2* 和抗白叶枯病基因 *Xa21* 聚合到同一品种中。分子设计育种是分子标记辅助选择技术的高级应用形式，通过整合基因组学、生物信息学和分子生物学等多学科知识，实现对品种性状的精准设计和改良。随着测序技术的快速发展，基于全基因组重测序的分子标记辅助选择技术成本不断降低，使得其在常规育种中的应用更加普及。未来分子标记辅助选择技术将向着更高通量、更精准、更智能的方向发展，与基因编辑、人工智能等新兴技术的融合将进一步提升育种效率。然而，分子标记辅助选择技术的广泛应用仍面临一些挑战，如标记-性状关联的稳定性、不同遗传背景下标记的有效性以及技术推广的成本效益等问题需要进一步研究和解决。总体而言，分子标记辅助选择已经成为现代育种不可或缺的核心技术，正在推动作物育种从经验型向精准型转变，为保障全球粮食安全做出重要贡献。

第三节　金线莲种质创新方法应用实例

“健康中国”是党的十九大报告提出的国家重要战略安排。习近平总书记强调“遵循中医药发展规律，传承精华，守正创新，加快推进中医药现代化、产业化”。疫情防控期间，中医药成为亮点，福建省中医药管理局将金线莲列为防控疫情的中药储备品种。

金线莲主要分布于热带亚热带林下，为兰科开唇兰属多年生草本植物，闽台民间使用广泛，次生代谢物中的金线莲黄酮、甾醇等活性成分，具有清热解毒、祛湿降压、固肾保肝等功效。鉴于长期食用传统与独特药用价值，国家卫健委2019年批准制定其食品安全地方标准，金线莲产业发展迎来新的良机。

金线莲自然繁殖率低，对生境要求高，适应性较差，加之人工过度采挖，使得野生资源锐减，已被《国家重点保护野生植物名录》列为国家二级保护植物。人工培育是市售产品的直接来源。种源是直接影响人工培育金线莲品质和产量的最主要因素。金线莲传统育种方法主要为表型选择法，环境互作、多效基因等因素直接影响选种育种的效率与准确性。因活性成分代谢通路不清晰，主要活性成分合成与代谢分子通路尚未明确，结合功能基因表达的金线莲分子育种研究鲜有报道，分子辅助选择育种未开展，亟待建立基于活性成分代谢机理的金线莲分子选择育种方法，筛选出含高活性成分的优良株系并开展生产应用。

本章节主要介绍了应用RNA-seq技术获取金线莲130024条Unigene，其中36155条Unigene被注释，同时分析了6个高频密码子。以黄酮代谢通路查尔酮合成酶(*CHS*)基因为例，获取Unigene序列信息，利用已知序列侧翼未知序列扩增方法，克隆获得*CHS*关键基因开放阅读框(open reading frame，ORF)序列与启动子序列，分析出查尔酮合成酶基因启动子中含有光响应元件G-box、sp1、I-box和厌氧应答元件ARE。同时，在确定染色体倍性和顺式作用元件预测的基础上，创立光谱、无机盐和苯丙氨酸等诱导模型，结合基因表达和活性成分含量的变化检测，揭示了诱导因子(紫外/盐/苯丙氨酸)通过调控反式作用因子与光响应元件或厌氧应答元件核心序列结合，增强关键酶基因转录效率，增加关键限速酶合成速率，使活性成分产物富集的分子生理规律。另外，创建了基于活性成分检测、基因表达检测的金线莲高黄酮分子辅助育种关键技术，结合植株表型分析，从收集的38份金线莲种质中，初筛4个高黄酮含量的优良株系，精选RF0703001和RF0703006应用于生产。

一、基因转录本的Unigene序列获取

(一)转录本构建

对RNA-seq结果的分析表明，每段读长150 bp，从台湾金线莲和福建金线莲总RNA反转录的cDNA样品中，分别得读长150 bp的34742855条和29213781条raw reads(表示原始测序数据)，包含raw bases(原始测序量，即碱基数目)10.42 Gb和8.76 Gb；通过质量检测和质量过滤后，分别获得了32836885条和27597990条clean reads(在raw reads基础上经过一定条件过滤后的数据)，包含clean bases(过滤后得

到的测序量)9.85 Gb 和 8.28 Gb。Q20 值(测序错误率在 1%以下的序列比例)大于 96%,Q30 值(测序错误率在 0.1%以下的序列比例)大于 90%(图 2-1)。这些指标显示,测序的通量和质量较高,满足转录组测序分析要求。

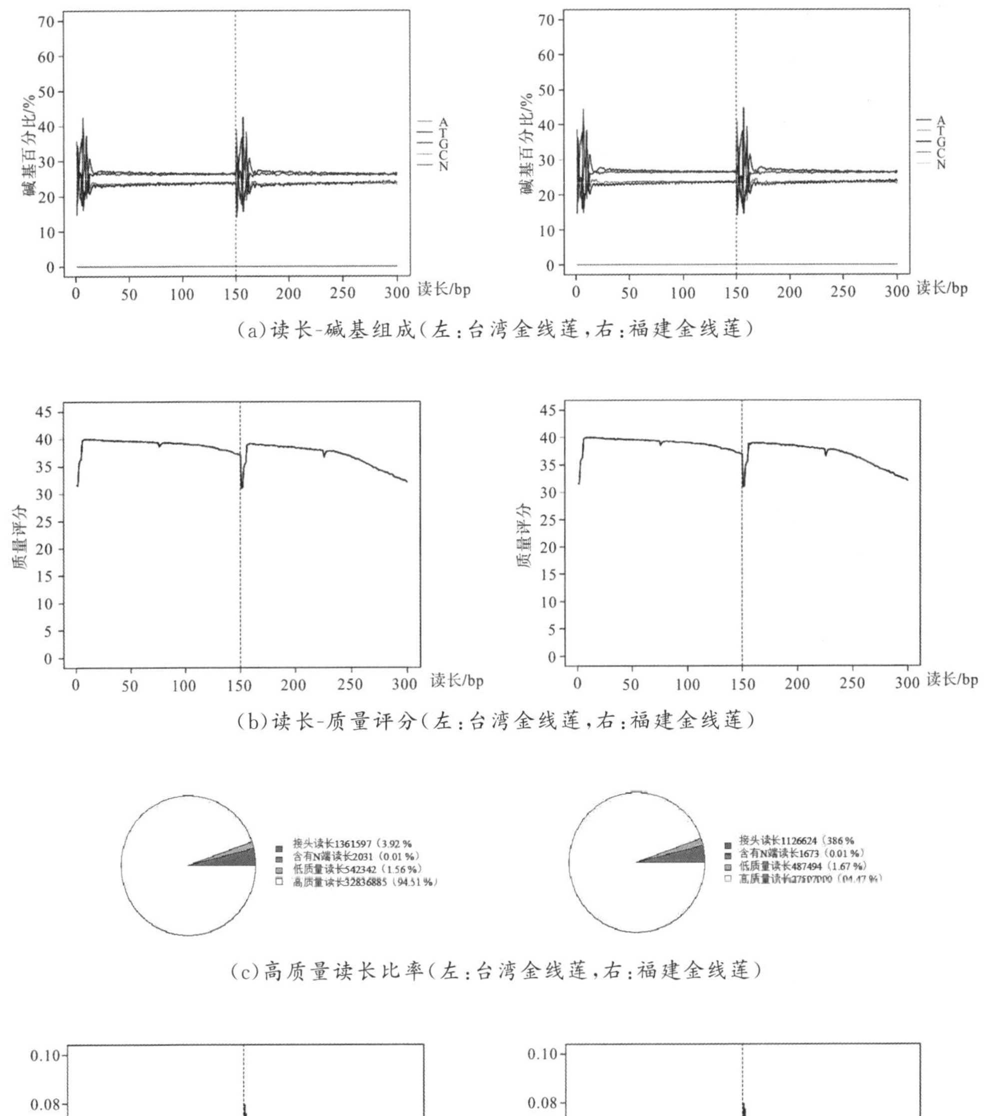

(a)读长-碱基组成(左:台湾金线莲,右:福建金线莲)

(b)读长-质量评分(左:台湾金线莲,右:福建金线莲)

(c)高质量读长比率(左:台湾金线莲,右:福建金线莲)

(d)读长-错误比率(左:台湾金线莲,右:福建金线莲)

图 2-1　台湾金线莲和福建金线莲 RNA-seq 通量与质量

注:本书附彩图二维码。

(二)Unigene序列及其功能分类

从台湾金线莲和福建金线莲的clean reads分别拼接成190123条和224719条全长转录本序列,去冗余后得到116423条和130024条Unigene序列。台湾金线莲Unigene序列中最大长度为15675 nt,总长度为62951915 nt,平均长度为986 nt;而福建金线莲Unigene序列中最大长度为16083 nt,总长度为55301381 nt,平均长度为1311 nt。台湾金线莲和福建金线莲分别有24425条和30265条Unigene序列在Swiss-Prot数据库中被注释,分别有28691条和35176条Unigene序列在KOG数据库中被注释,分别有29565条和36155条Unigene序列至少在其中一个数据库被注释,分别有23551条和29286条Unigene序列在两个数据库中同时被注释(图2-2)。在KOG数据库的注释结果中,台湾金线莲与福建金线莲Unigene序列的相关系数为0.98(图2-3)。

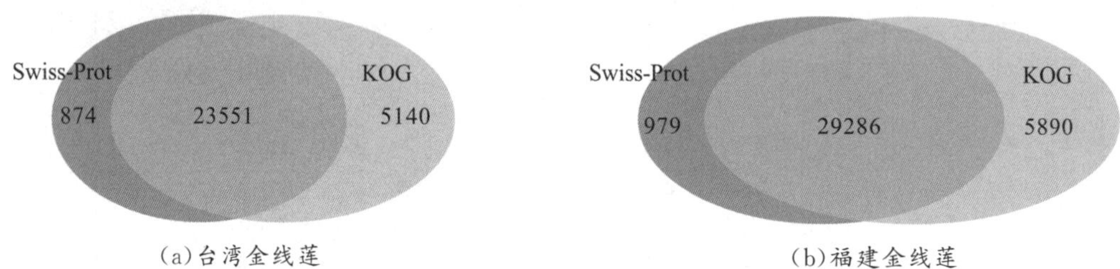

(a)台湾金线莲　　(b)福建金线莲

图2-2　台湾金线莲和福建金线莲Unigene序列的同源注释

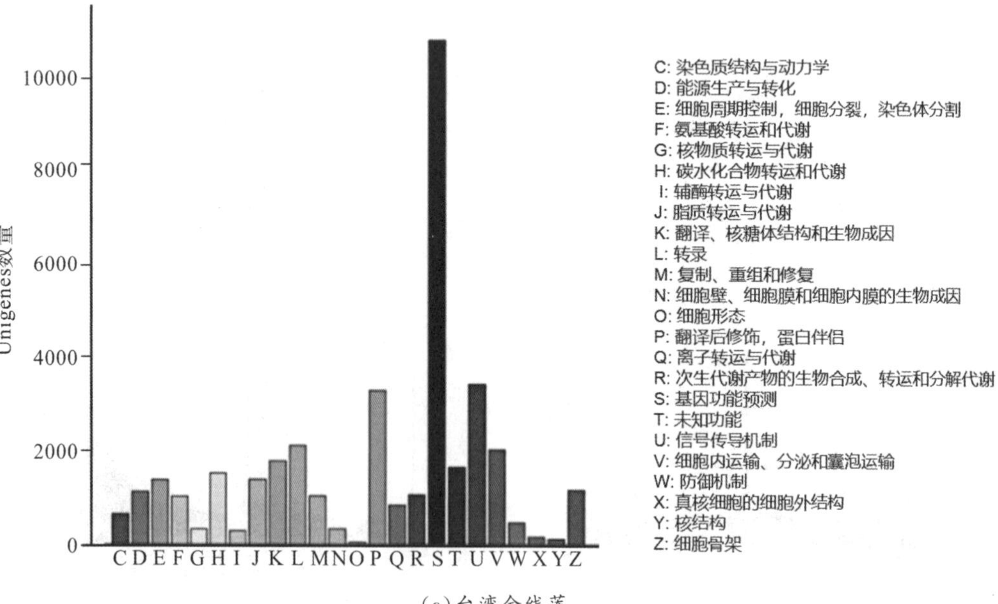

(a)台湾金线莲

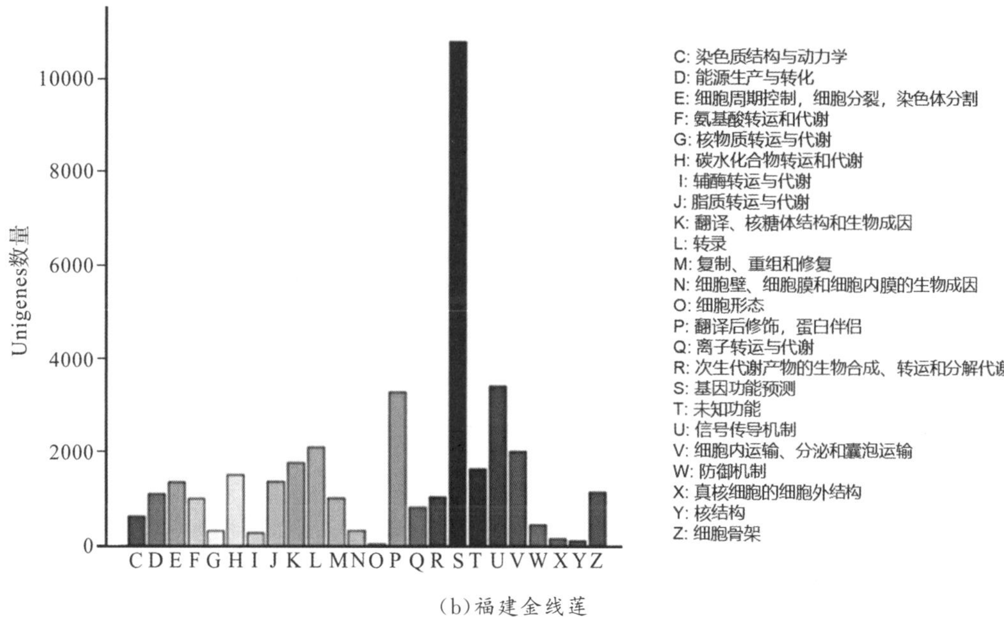

(b)福建金线莲

图 2-3　台湾金线莲和福建金线莲 Unigene 序列 KOG 功能注释分类

(三)密码子偏好性

对台湾金线莲和福建金线莲 RNA-seq 分别拼接注释过滤后，使用自编程序进行密码子识别，得到 6 条可能的氨基酸序列，其中的 1 条氨基酸序列在 Swiss-Prot 数据库中比对得分远高于其他 5 条序列，分别获得台湾金线莲和福建金线莲 1497038 个和 2977669 个密码子。基于此，本研究统计了台湾金线莲和福建金线莲密码子使用频率，见表 2-1。结果显示，相对同义密码子使用度(relative synonymous codon usage，RSCU)值大于 1.5 或相对频率占 60%以上的高频密码子，在台湾金线莲中有 GAU、UGC；在福建金线莲中有 AGA、AAU、GAU、CAU、UCU、UAU。偏好的密码子中，87.5%均以 A/T 碱基结尾。

(四)功能基因转录本的 Unigene 序列获取

基于 KOG 和 Swiss-Prot 功能注释，找到了台湾金线莲和福建金线莲 *CHS* 基因和 *FPS* 基因的 Unigene 序列，以及苯丙烷途径中与黄酮类化合物合成相关的其他一些基因的 Unigene 序列，可为后续研究提供参考。序列比对表明，除 5′-端的非编码序列 5′-UTR 以外，两种金线莲 *CHS* 基因开放阅读框(ORF)序列长 1173 bp，相似性为 94.80%(图 2-4)。同时还获取了 *PAL*、*FPS*、*GPPS* 基因的 ORF 序列。

表 2-1　台湾金线莲和福建金线莲密码子使用频率

氨基酸种类	密码子种类	台湾金线莲 A. *formosanus*			福建金线莲 A. *roxburghii*		
		密码子数目	RSCU	相对频率	密码子数目	RSCU	相对频率
丙氨酸(Ala)	GCU	35896	1.27	0.32	59477	1.33	0.33
	GCC	31948	1.13	0.28	44209	0.98	0.25
	GCA	28272	1.00	0.25	51443	1.15	0.29
	GCG	16572	0.59	0.15	24407	0.54	0.13
精氨酸(Arg)	CGU	8843	0.62	0.10	18111	0.60	0.10
	CGC	14019	0.98	0.16	23646	0.78	0.13
	CGA	9328	0.65	0.11	22661	0.75	0.13
	CGG	11431	0.80	0.13	22044	0.73	0.12
	AGA*	20988	1.47	0.25	52139	1.73	0.29
	AGG	21074	1.48	0.25	42699	1.41	0.23
天冬酰胺(Asn)	AAU*	33382	1.13	0.57	76099	1.21	0.61
	AAC	25768	0.87	0.44	49337	0.79	0.39
天冬氨酸(Asp)	GAU*	47237	1.27	0.64	79265	1.34	0.67
	GAC	27143	0.73	0.36	39135	0.66	0.33
半胱氨酸(Cys)	UGU	11363	0.78	0.39	36582	0.99	0.49
	UGC*	17703	1.22	0.61	37488	1.01	0.51
谷氨酰胺(Gln)	CAA	22204	0.92	0.46	59197	1.13	0.56
	CAG	26143	1.08	0.54	45935	0.87	0.44
谷氨酸(Glu)	GAA	43326	0.94	0.47	79418	1.04	0.52
	GAG	48750	1.06	0.53	72907	0.96	0.48
甘氨酸(Gly)	GGU	21808	0.87	0.22	39958	0.95	0.24
	GGC	27600	1.11	0.28	40300	0.96	0.24
	GGA	29030	1.16	0.29	50794	1.21	0.30
	GGG	21397	0.86	0.21	36528	0.87	0.22
组氨酸(His)	CAU*	21069	1.15	0.57	53264	1.22	0.61
	CAC	15613	0.85	0.43	33743	0.78	0.39

续表

氨基酸种类	密码子种类	台湾金线莲 A. *formosanus*			福建金线莲 A. *roxburghii*		
		密码子数目	RSCU	相对频率	密码子数目	RSCU	相对频率
异亮氨酸(Ile)	AUU	35052	1.27	0.42	79291	1.31	0.44
	AUC	29363	1.06	0.35	54314	0.89	0.30
	AUA	18419	0.67	0.23	48543	0.80	0.26
亮氨酸(Leu)	UUA	16745	0.65	0.11	51041	0.94	0.16
	UUG	28181	1.10	0.18	64113	1.18	0.20
	CUU	34592	1.35	0.23	73302	1.35	0.22
	CUC	35210	1.38	0.23	57865	1.07	0.18
	CUA	13610	0.53	0.09	35103	0.65	0.11
	CUG	25118	0.98	0.16	43653	0.81	0.13
赖氨酸(Lys)	AAA	36818	0.86	0.43	94062	1.08	0.54
	AAG	48837	1.14	0.57	79966	0.92	0.46
甲硫氨酸(Met)	AUG	35155	1.00	1.00	61259	1.00	1.00
苯丙氨酸(Phe)	UUU	35412	1.02	0.51	97825	1.19	0.59
	UUC	34123	0.98	0.49	66379	0.81	0.40
脯氨酸(Pro)	CCU	23658	1.24	0.31	51551	1.29	0.32
	CCC	17031	0.90	0.23	35080	0.88	0.22
	CCA	20127	1.06	0.27	46792	1.17	0.29
	CCG	15269	0.80	0.20	26113	0.65	0.17
丝氨酸(Ser)	UCU*	31462	1.43	0.24	71098	1.50	0.25
	UCC	27427	1.24	0.21	49599	1.04	0.17
	UCA	23758	1.08	0.18	58472	1.23	0.21
	UCG	12585	0.57	0.09	24601	0.52	0.09
	AGU	15343	0.70	0.12	38766	0.82	0.14
	AGC	21791	0.99	0.16	42245	0.89	0.14

续表

氨基酸种类	密码子种类	台湾金线莲 A. *formosanus*			福建金线莲 A. *roxburghii*		
		密码子数目	RSCU	相对频率	密码子数目	RSCU	相对频率
终止密码子	UAA	0	0.00	0.00	0	0.00	0.00
	UAG	1	3.00	1.00	1	3.00	1.00
	UGA	0	0.00	0.00	0	0.00	0.00
苏氨酸(Thr)	ACU	21649	1.26	0.32	46460	1.30	0.32
	ACC	19377	1.13	0.28	35346	0.99	0.25
	ACA	18463	1.07	0.27	44908	1.25	0.31
	ACG	9232	0.54	0.13	16550	0.46	0.12
	UGG	19307	1.00	1.00	40687	1.00	1.00
酪氨酸(Tyr)	UAU*	22522	1.07	0.53	53683	1.25	0.63
	UAC	19432	0.93	0.47	31989	0.75	0.37
缬氨酸(Val)	GUU	32510	1.38	0.35	59895	1.44	0.36
	GUC	20959	0.89	0.23	33644	0.81	0.20
	GUA	12606	0.54	0.14	28849	0.69	0.17
	GUG	27987	1.19	0.28	43838	1.05	0.27

注：* 表示高频密码子。

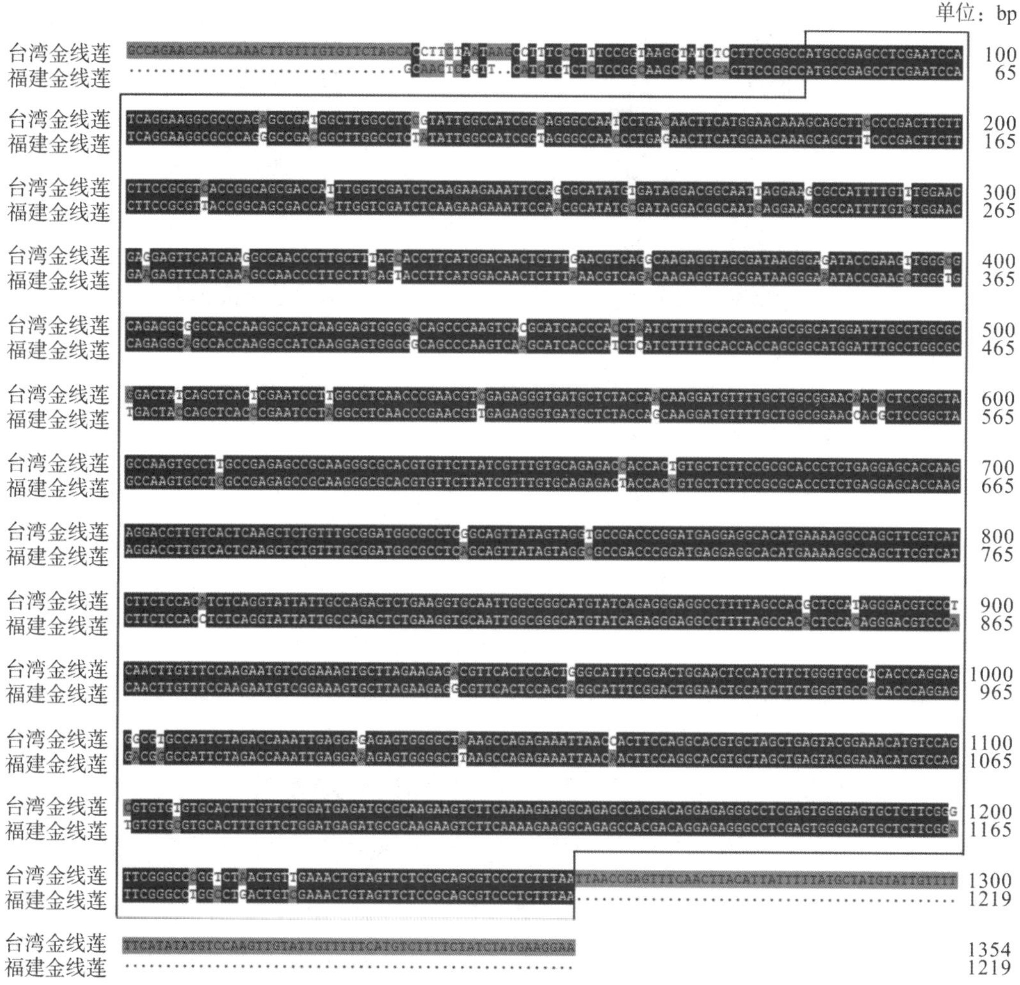

图 2-4　台湾金线莲和福建金线莲 *CHS* 基因转录本的 Unigene 序列比对

注：框内为 ORF 序列。

二、基因与功能

(一)基因的 ORF 序列和编码区序列

以 *CHS* 基因为例，根据转录学组分析设计的特异引物，采用已知序列的未知侧翼扩增方法，分别以台湾金线莲和福建金线莲总 RNA 逆转录的 cDNA 与基因组 DNA 为模板，PCR 扩增产物凝胶电泳分离出特异片段，均在 1200 bp 左右，以基因组 DNA 为模板的扩增片段稍长(图 2-5)。

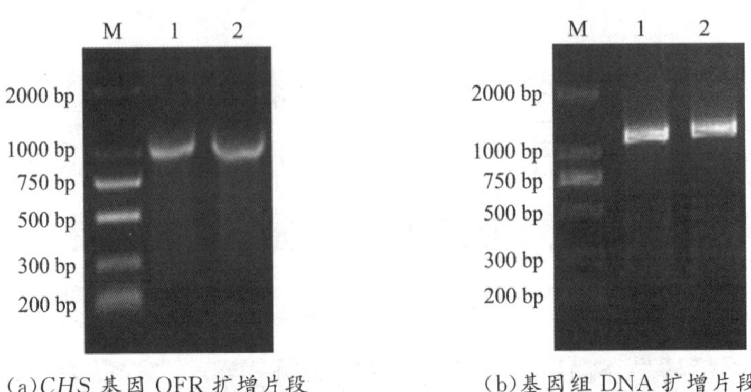

(a)*CHS* 基因 OFR 扩增片段　　(b)基因组 DNA 扩增片段

M—DNA 分子标记 DL2000;1—台湾金线莲;2—福建金线莲。

图 2-5　台湾金线莲和福建金线莲 *CHS* 基因 ORF 和基因组 DNA 扩增产物电泳图

对这些特异片段的序列分析结果显示,台湾金线莲和福建金线莲 *CHS* 基因的 ORF 序列同为 1173 bp,两者之间的相似性为 94.54%,与转录组测序分析拼接的 Unigene 序列相似性分别为 93.35%和 94.03%。台湾金线莲和福建金线莲 *CHS* 基因的编码区序列同为 1260 bp,两者之间的相似性为 94.92%,第 180 至 267 bp 之间插入 1 个长 87 bp 的内含子(图 2-6)。

图 2-6　台湾金线莲和福建金线莲 *CHS* 基因编码区和 ORF 序列比对

注:黑色、灰色和白色背景分别代表 100%、66.6%和 0%相似性。框内为内含子序列。

(二)生物信息学分析

台湾金线莲和福建金线莲 *CHS* 基因 ORF(1173 bp)均编码 390 个氨基酸,其中有 10 个氨基酸变异,两者之间的相似性达 97.44%,与蝴蝶兰 CHS 的氨基酸序列(AAV70116.1)的相似性分别为 90.00% 和 90.75%(图 2-7)。CHS 蛋白特征的 13 个活化位点(G138-G163-G167-L214-D217-G253-P305-G306-G307-G336-G385-P386-G387)、4 个催化残基(Cys-His-Asp＋F)和 6 个保守残基(G379-V380-L381-F382-G383-F384)完全相同,只在丙二酰辅酶 A 结合基序(V314-E315-E316-R317-V318-G319-L320-K321-P322-E323-K324-L325-T326-T327-S328-R330)的近 C-端有 3 个残基与蝴蝶兰不同。此外,还发现 1 个经典的细胞核定位信号(nuclear localization signal, NLS)R66-K67-R68-H69。

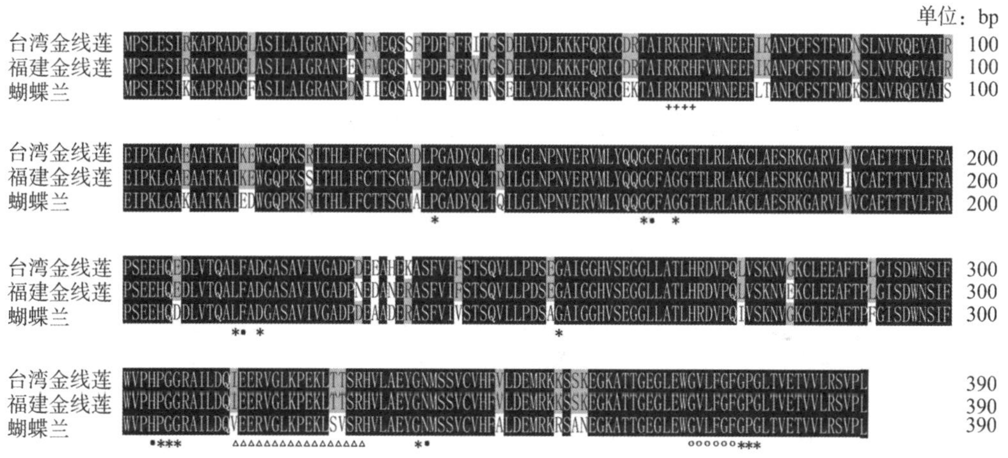

图 2-7　台湾金线莲、福建金线莲与蝴蝶兰 *CHS* 基因推导蛋白比对

注:黑色、灰色和白色背景分别代表 100%、66.7%和 0%相似性。星号(*)、黑点(•)、空心点(◦)、空心三角(▵)和加号(+)分别代表活化位点、催化残基、保守残基、丙二酰辅酶 A 结合基序和细胞核定位信号。

台湾金线莲 *CHS* 基因推导蛋白的分子量 42.9 kDa,等电点 pH 值 6.04,总平均疏水性指数(grand average of hydropathicity, GRAVY)－0.123(小于 0),二级结构中 α 螺旋、β 片层和无规则卷曲的比例分别为 32.82%、20.51%和 46.67%。福建金线莲 *CHS* 基因推导蛋白的分子量 42.9 kDa,等电点 pH 值 6.24,GRAVY －0.116(小于 0),没有跨膜区和信号肽,二级结构中 α 螺旋、β 片层和无规则卷曲的比例分别为 31.54%、21.54%和 46.92%。由此表明,福建金线莲 CHS 蛋白的亲水性稍强。

对 19 种植物推导 CHS 蛋白的多序列比对及进化树分析表明,台湾金线莲和福建金线莲与蝴蝶兰的CHS蛋白(AAV70116.1)具有较高的同源性(90.00%和90.75%)(图2-8),且推导蛋白的预测三级结构相似(图2-9)。

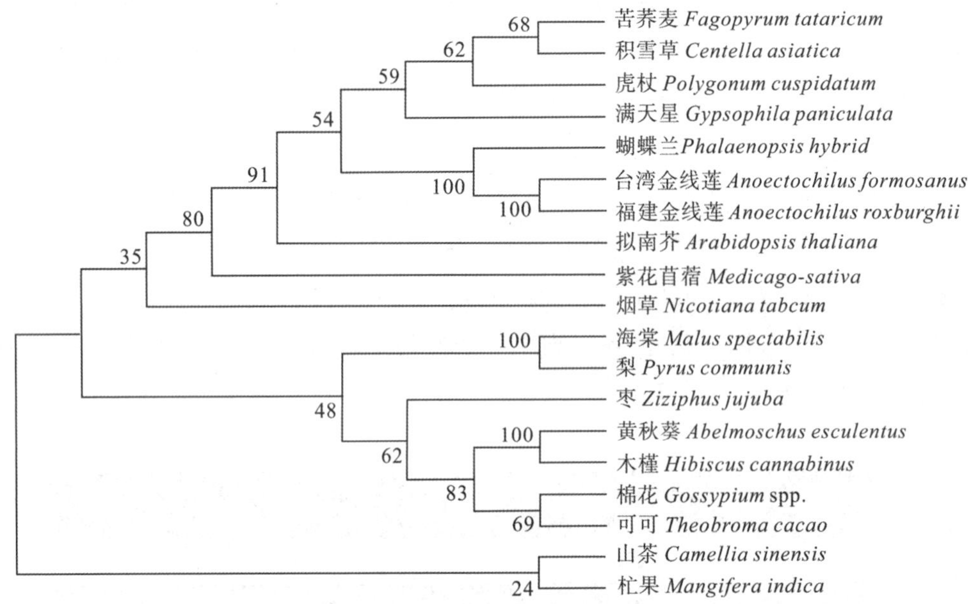

图2-8 19种植物推导CHS蛋白的进化树

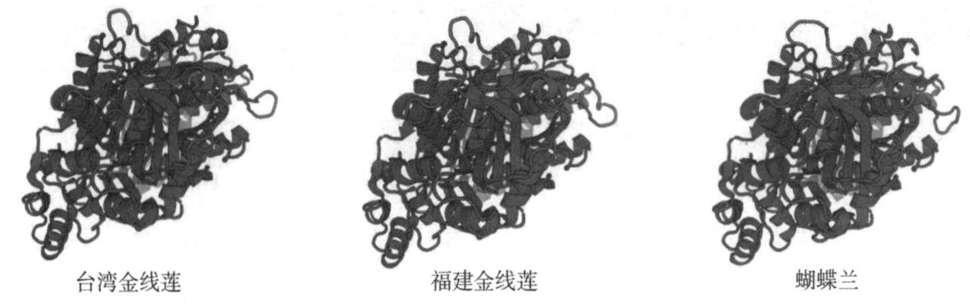

图2-9 台湾金线莲、福建金线莲和蝴蝶兰CHS蛋白的预测三级结构

(三)翻译蛋白的亚细胞定位

与生物信息学预测结果不同,用台湾金线莲和福建金线莲*CHS*基因构建的表达载体*pC2300-35S-CHS-eGFP*瞬时转化洋葱鳞片表皮细胞后,绿色荧光信号都只在细胞核中被检测到(图2-10)。因为CHS蛋白催化苯丙氨酸合成途径中黄酮类化合物合成的关键限速步骤,通常认为应定位于细胞质中,对这一相悖的结果将在本章节的讨论部分解释。

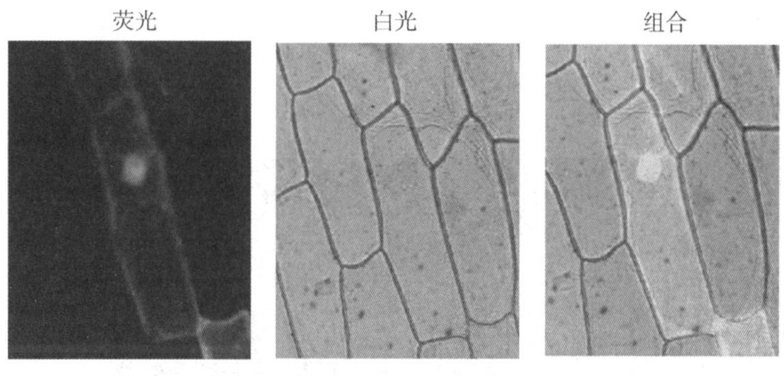

(a)转化空载体 *pC2300-35S-eGFP* 的阴性对照

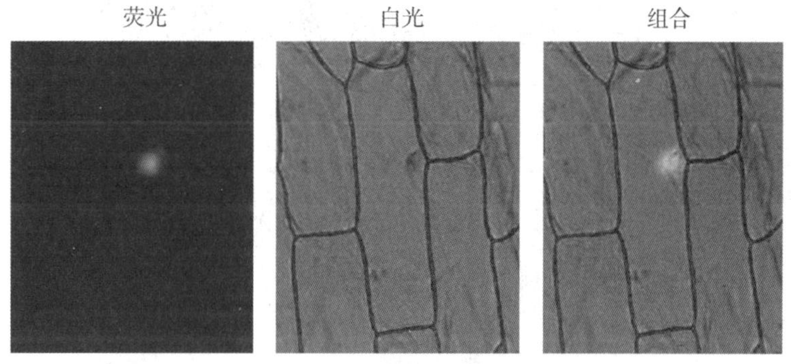

(b)转化台湾金线莲 *CHS* 基因载体 *pC2300-35S-CHS-eGFP*

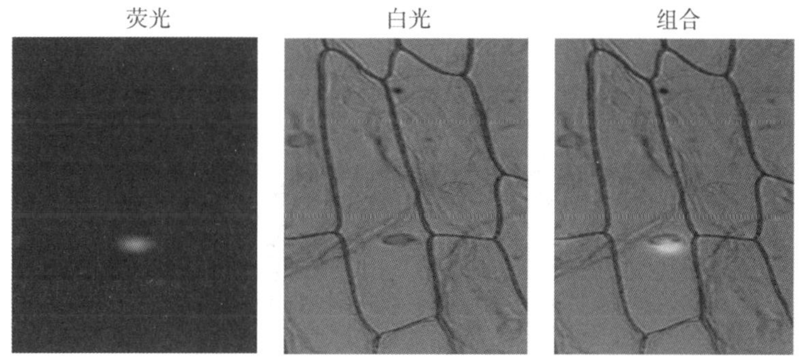

(c)转化福建金线莲 *CHS* 基因载体 *pC2300-35S-CHS-eGFP*

图 2-10　CHS 蛋白的亚细胞定位

(四)基因原核表达蛋白的酶活性

用两种金线莲 *CHS* 基因转化的大肠杆菌菌株，经异丙基硫代-β-D-半乳糖苷(IPTG)诱导、超声波破碎和十二烷基硫酸钠-聚丙烯酰胺凝胶电泳(SDS-PAGE)分离染色后，比未诱导对照多出 1 条稍小于 44.3 kDa 标记的特异条带，与预测的 CHS 蛋白分子量(42.9 kDa)一致(图 2-11)。提取纯化的 CHS 蛋白再次 SDS-PAGE 分离后的染色结果，在 40 kDa 与 53 kDa 蛋白质分子量标记之间。IPTG 诱导的两种金线

莲 *CHS* 基因转化菌株也比未诱导转化菌株多出 1 条特异带(图 2-12)。由此说明,两种金线莲 *CHS* 基因在大肠杆菌中异源表达成功。

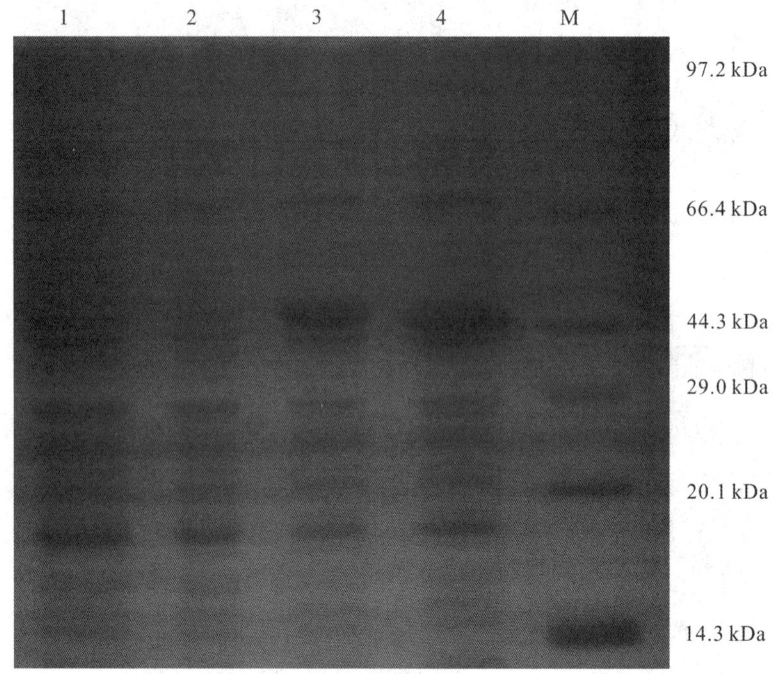

M—蛋白质分子量标记;1—未诱导台湾金线莲 *CHS* 基因转化菌株;2—未诱导福建金线莲 *CHS* 基因转化菌株;3—IPTG 诱导台湾金线莲 *CHS* 基因转化菌株;4—IPTG 诱导福建金线莲 *CHS* 基因转化菌株。

图 2-11 SDS-PAGE 检测 *CHS* 基因的异源表达

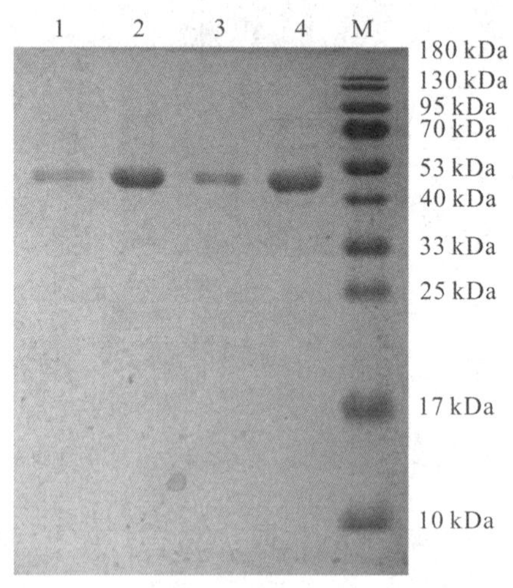

M—蛋白 Marker;泳道 1—稀释 5 倍的台湾金线莲 CHS 蛋白溶液;泳道 2—未稀释的台湾金线莲 *CHS* 基因蛋白溶液;泳道 3—稀释 5 倍的福建金线莲 CHS 蛋白溶液;泳道 4—未稀释的福建金线莲 *CHS* 基因蛋白溶液。

图 2-12 SDS-PAGE 检测纯化 CHS 蛋白

超声波破碎菌体(体内)和纯化蛋白(体外)的CHS酶活性检测结果表明,福建金线莲的体内酶活力与台湾金线莲无显著差异,但体外酶活力比台湾金线莲高1.55倍,差异显著(图2-13)。由此说明,两种金线莲CHS蛋白的酶活性相同,但福建金线莲的CHS蛋白积累量更高,验证我们克隆台湾金线莲和福建金线莲*CHS*基因的功能。

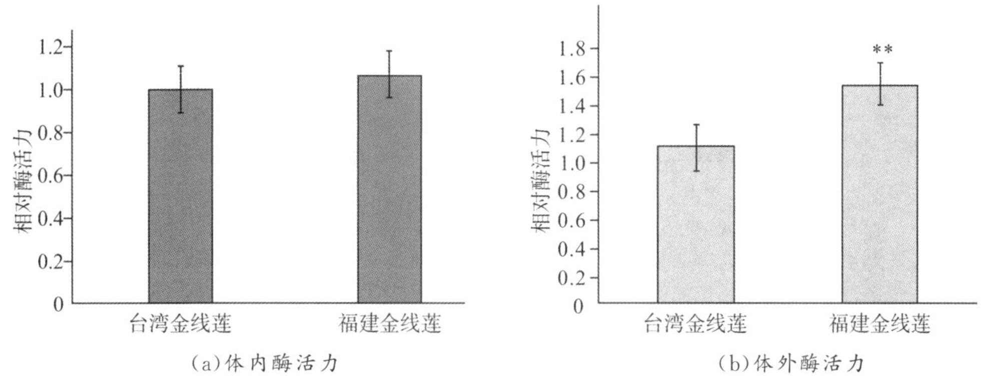

图2-13　台湾金线莲与福建金线莲异源表达CHS蛋白的相对酶活性

(五)*CHS*基因异源表达提高水稻黄酮类化合物含量

农杆菌介导法转化水稻愈伤组织,经过筛选、分化、再生、筛选,PCR检测鉴定出3个T1代转基因株系(图2-14),其总黄酮含量分别达到未转化阴性对照的1.26倍、1.40倍和1.68倍,差异达显著或极显著水平(图2-15),再次验证我们克隆的台湾金线莲和福建金线莲*CHS*基因在黄酮类化合物合成中的功能。以相同的方法获得*PAL*、*FPS*、*GPPS*基因序列,并验证基因功能。

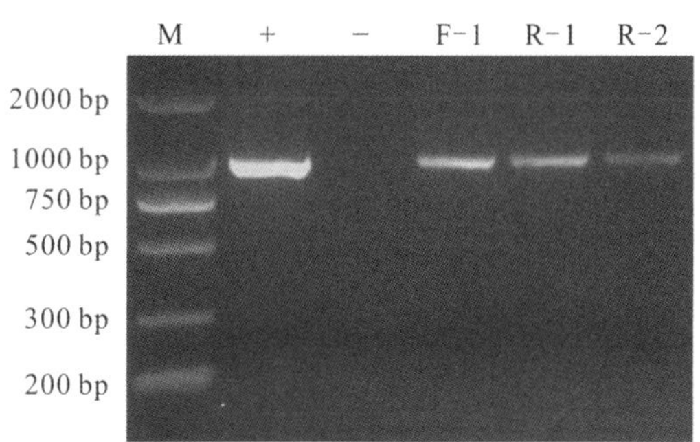

M—DNA分子量标记DL2000;+—阳性对照(表达载体pZZ00026-Ubi-CHS-T-nos);−—阴性对照(未转基因株系);F-1—台湾金线莲*CHS*基因转化的T1代株系;R-1和R-2—福建金线莲*CHS*基因转化的T1代株系。

图2-14　T1代转基因株系的PCR检测

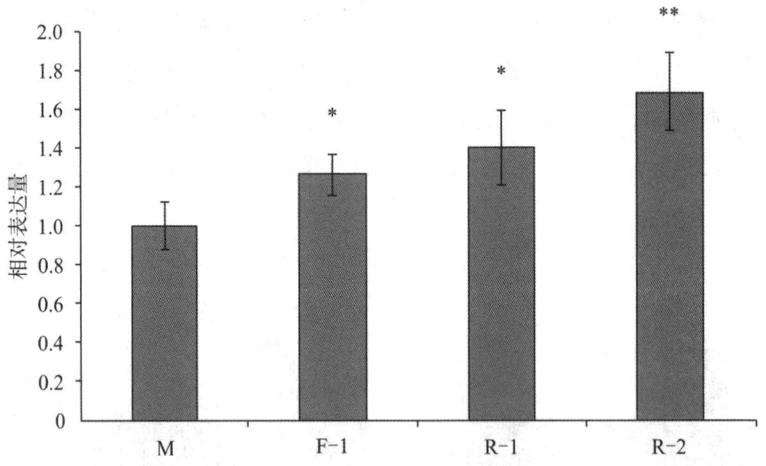

图 2-15 台湾金线莲和福建金线莲 *CHS* 基因转化水稻 T1 代株系总黄酮含量相对值

注：* 表示 $P<0.05$，* * 表示 $P<0.01$。

三、基因启动子序列获取与分析

(一)基因启动子序列获取

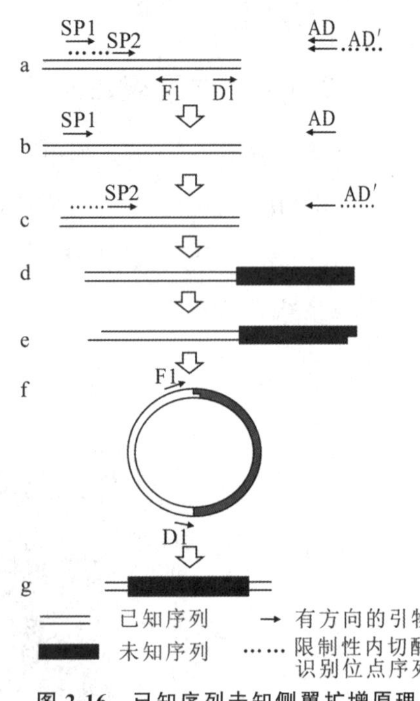

图 2-16 已知序列未知侧翼扩增原理

以台湾金线莲和福建金线莲基因组DNA为模板，采用已知序列未知侧翼扩增方法扩增基因启动子序列(图 2-16)。分别采用 SP1 和 SP2 两个特异引物与简并引物 AD 扩增片段(图 2-16a、b)，再在 SP2 引物和 AD 引物上加上相同黏性末端序列，扩增获得具有黏性末端序列的片段(图 2-16c、d)，然后用相应的酶酶切扩增片段(图 2-16e)，将酶切后的片段相连，用已知序列的 F1 和 D1 引物扩增未知片段并测序(图 2-16f、g)。第二和第三轮扩增产物中，均电泳分离出特异条带(图 2-17)。其中，用简并引物 AD4 从台湾金线莲第三轮扩增分离的最亮条带，不仅长度最长，而且与第二轮扩增的一特异条带匹配，如图 2-17(a)所示。用简并引物 AD3 从福建金线莲第二轮扩增的最亮条带，与第三轮扩增的一特异条带匹配，如图 2-17(b)所示。

(二)基因启动子序列分析

切胶回收这两个特异条带，测序后用 Plant CARE 软件进行启动子序列分析，预

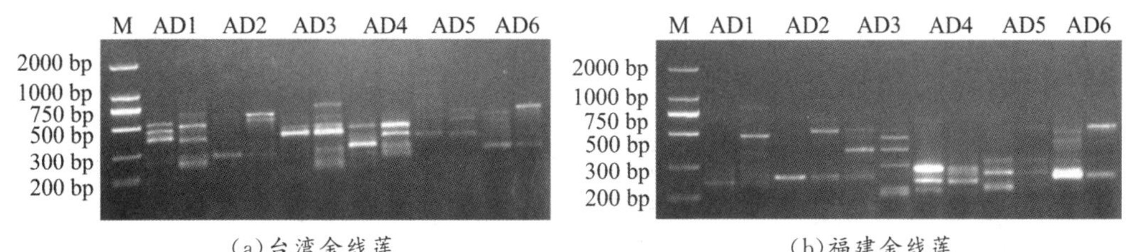

(a)台湾金线莲　　　　(b)福建金线莲

图 2-17　TAIL-PCR 扩增 *CHS* 基因启动子序列电泳图

注:每种简并引物左泳道和右泳道分别为第二和第三轮扩增产物。

测的顺式作用元件如图 2-18 和图 2-19 所示。台湾金线莲 *CHS* 基因启动子的预测长度为 314 bp,其中包含启动子增强元件 TATA-区域、AT-富集区和 CAAT-区域,光响应元件 G-区域、CATT-序列区、CGT-序列区和 sp1,厌氧应答元件 ARE 和茉莉酸 MeJA 应答元件 CGTCA-序列区和 TGACG -序列区(图 2-18),可作为 *CHS* 基因表达诱导条件筛选依据。

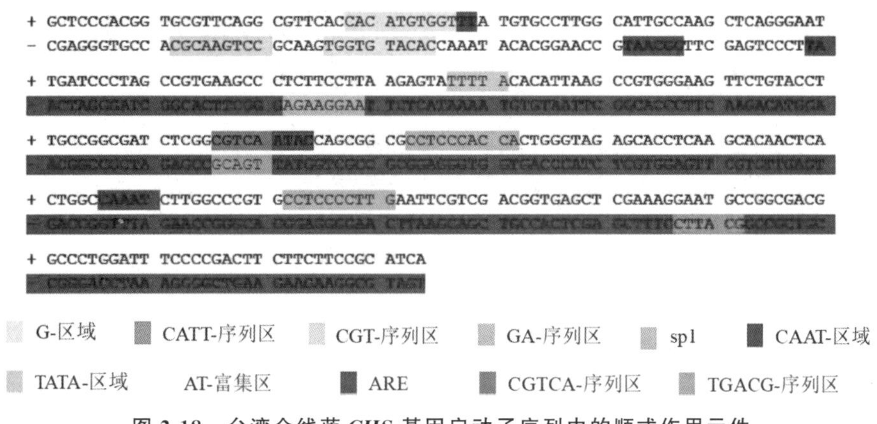

图 2-18　台湾金线莲 *CHS* 基因启动子序列中的顺式作用元件

福建金线莲 *CHS* 基因启动子的预测长度为 342 bp,其中包含启动子增强原件 TATA-区域、5′-UTR Py-富集区和 CAAT-序列区,光响应元件 G-区域、sp1 和 I-区域,厌氧应答 ARE(图 2-19),可作为 *CHS* 基因表达诱导条件筛选依据。

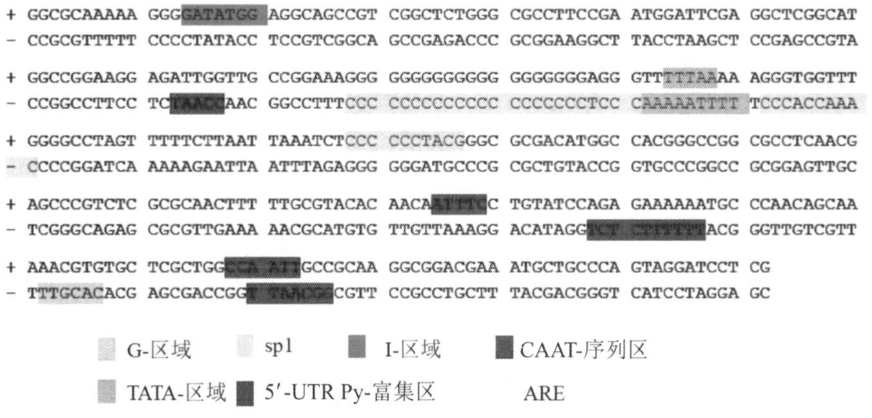

图 2-19　福建金线莲 *CHS* 基因启动子序列中的顺式作用元件

四、诱导模型建立

(一)染色体倍性分析

对根尖分生组织细胞有丝分裂中期分裂相的观察表明，台湾金线莲和福建金线莲均为二倍体(图 2-20)，核型公式均为 $2n=2x=40$。因此，在后续克隆和表达分析中，无须考虑 *CHS* 基因倍性的差异。

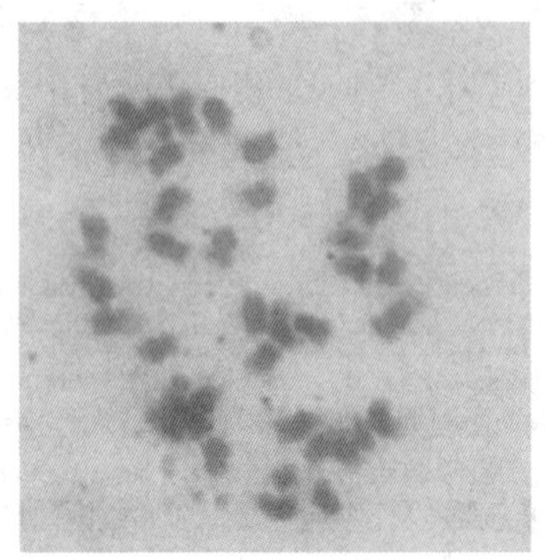

(a)台湾金线莲($2n=2x=40$)

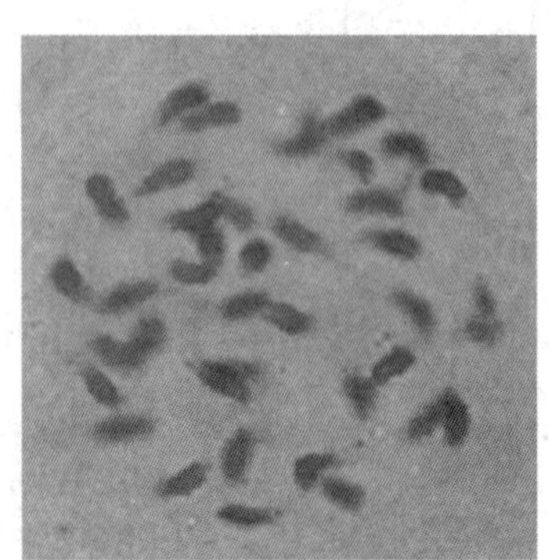

(b)福建金线莲($2n=2x=40$)

图 2-20　台湾金线莲和福建金线莲根尖有丝分裂中期的染色体形态

(二)总黄酮含量和自由基清除率

以硝酸铝显色分光光度法测得的台湾金线莲 415 nm 吸光值为 1，计算的福建金线莲总黄酮相对含量，为台湾金线莲的 1.73 倍，如图 2-21(a)所示。用 DPPH 法测得的自由基清除率，福建金线莲是台湾金线莲的 1.52 倍，如图 2-21(b)所示。由此说明，在非诱导条件下，福建金线莲的总黄酮积累量较多，抗氧化性较强。

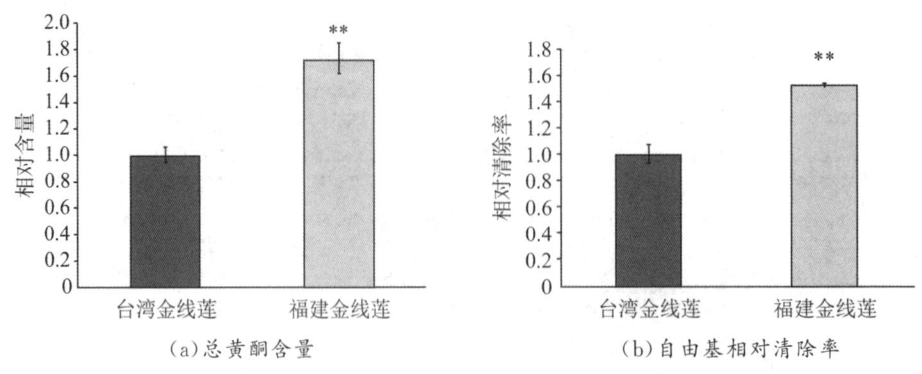

(a)总黄酮含量　　(b)自由基相对清除率

图 2-21　台湾金线莲和福建金线莲总黄酮含量及自由基相对清除率

(三)3 种黄酮醇含量

在优化的色谱条件下对 8 个不同浓度下的 3 种标准品液体分别进行液相分析，得到芦丁、槲皮素和山奈素的回归曲线(图 2-22)。

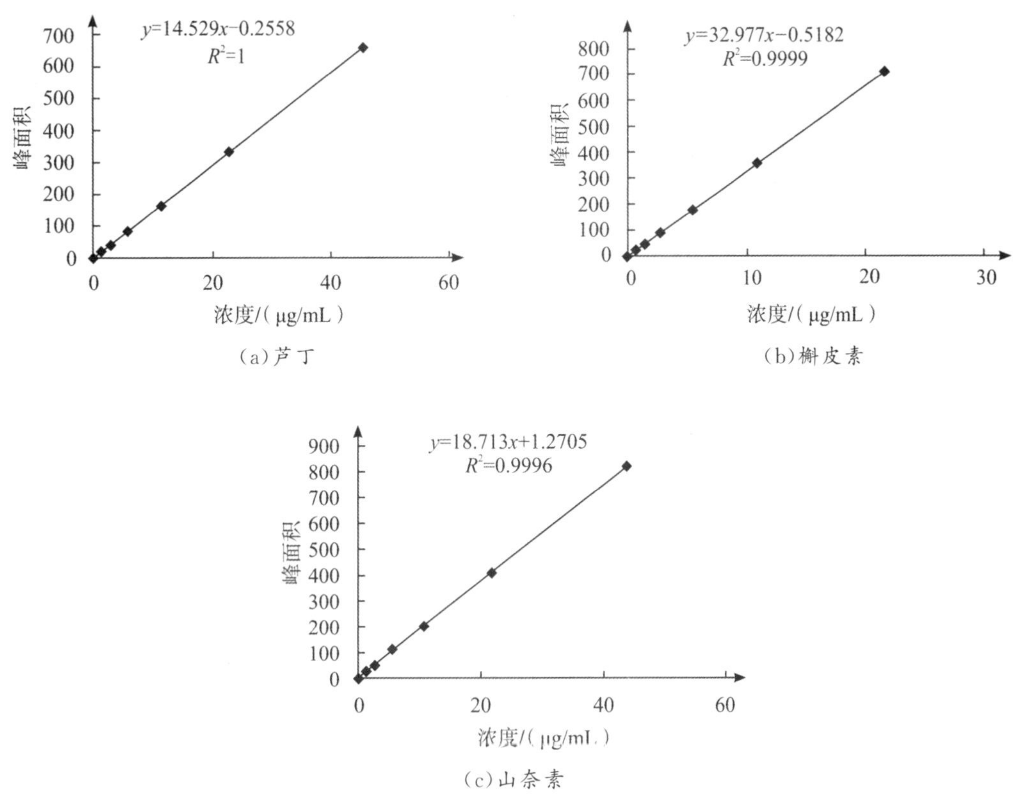

图 2-22　黄酮类化合物含量标准曲线

在优化色谱条件下，检测出台湾金线莲芦丁、槲皮素和山奈素的含量分别为 9.347 μg/g、3.990 μg/g 和 23.176 μg/g，而福建金线莲分别高达 238.208 μg/g、21.860 μg/g 和 139.570 μg/g。福建金线莲这 3 种黄酮醇的相对含量分别为台湾金线莲的 25.48 倍、5.48 倍和 6.02 倍(图 2-23)。

(四)*CHS* 基因表达的物种和器官差异

在染色体倍数相同的情况下，图 2-24 所示的相对表达水平及其显著性表明，*CHS* 基因在台湾金线莲叶、根、茎中的表达都在福建金线莲的两倍以上，差异达极显著水平；在同一物种中，又以根中的表达水平最高，约为叶的 10 倍和茎的 5 倍，差异达极显著水平。

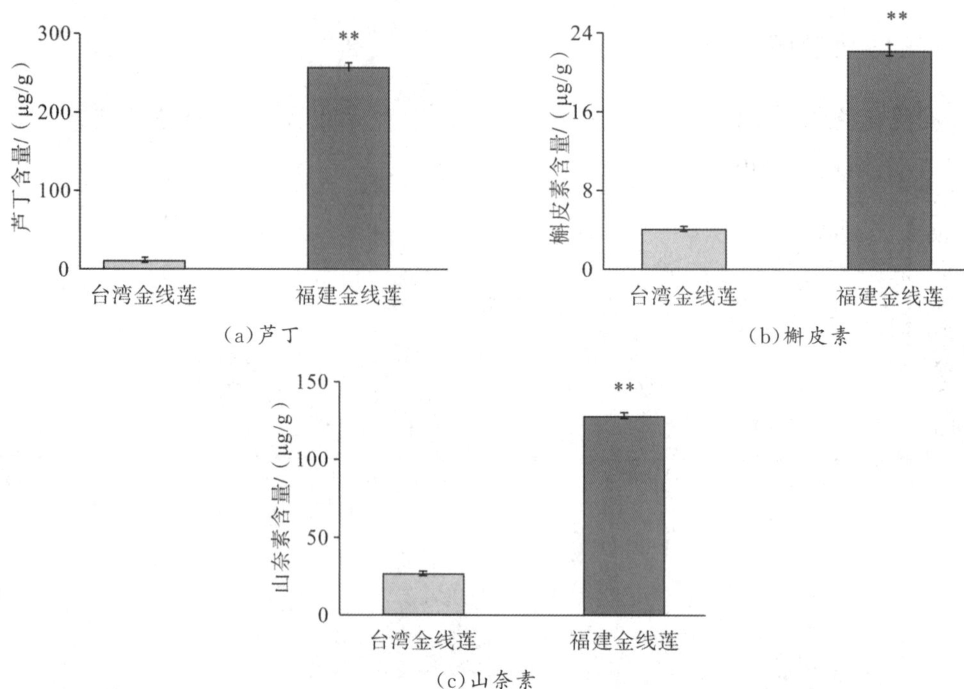

(a)芦丁 (b)槲皮素 (c)山奈素

图 2-23 台湾金线莲和福建金线莲芦丁、槲皮素和山奈素含量

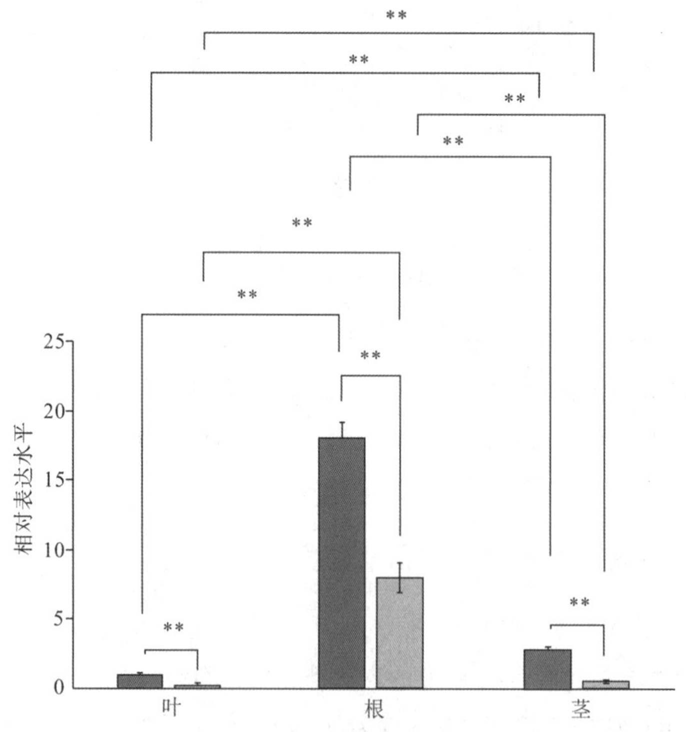

图 2-24 *CHS* 基因在台湾金线莲与福建金线莲不同器官中的相对表达水平

注:深色柱为台湾金线莲,浅色柱为福建金线莲。星号(*)代表差异显著($P\leqslant0.05$),双星号(**)代表差异极显著($P\leqslant0.01$)。下同。

(五)紫外光诱导的响应

在紫外光诱导下,台湾金线莲和福建金线莲总黄酮积累增加,在第四到五天达到最高峰,分别为诱导前的 2.01 倍和 2.09 倍,如图 2-25(a)所示。福建金线莲的积累稍高于台湾金线莲,但差异不显著。台湾金线莲和福建金线莲的自由基清除率也随紫外光诱导时间延长而增加,在第二天和第三天达到最高峰,分别为诱导前的 1.82 倍和 1.47 倍,台湾金线莲在第一和第二天显著高于福建金线莲,在其余时间段两者差异不显著,如图 2-25(b)所示。

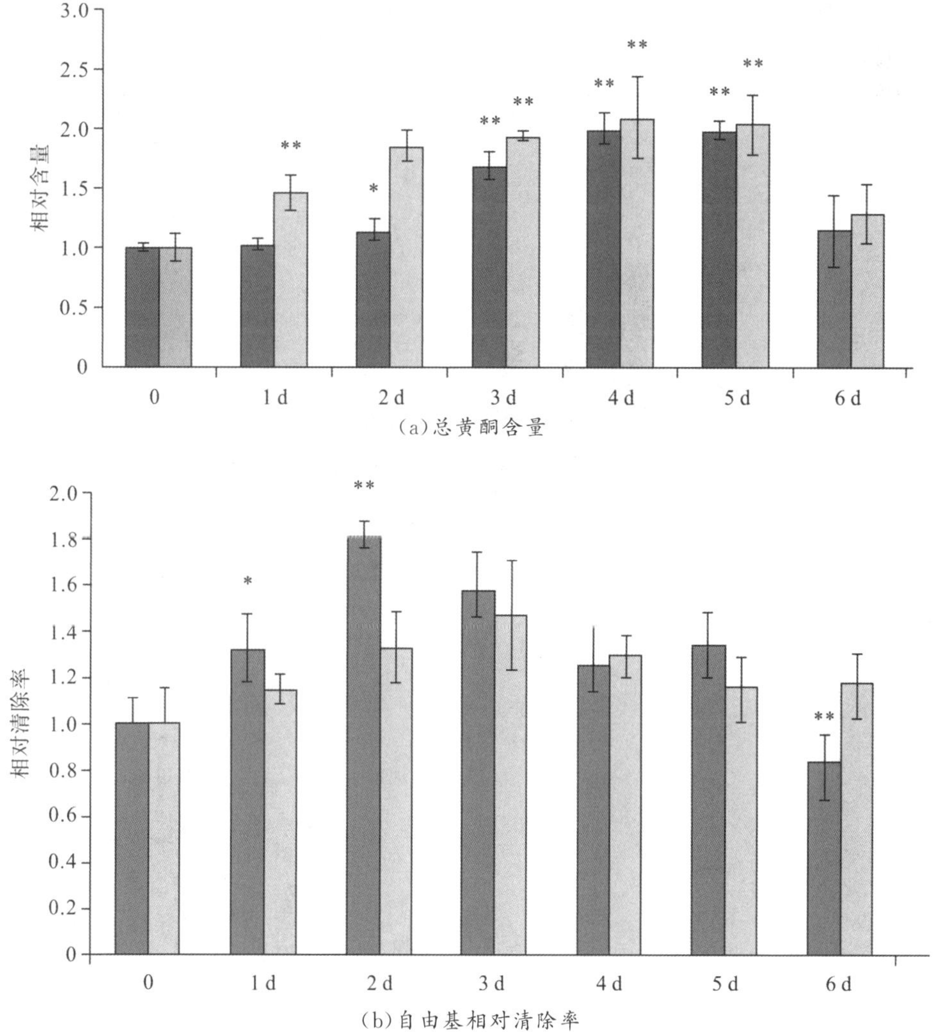

图 2-25　紫外光诱导下台湾金线莲和福建金线莲总黄酮含量和自由基相对清除率差异

在紫外光诱导条件下,金线莲芦丁和槲皮素含量迅速下降,福建金线莲在第一天,台湾金线莲在第二和第三天以后,即降低到检测灵敏度以下,如图 2-26(a)和(b)

所示。山奈素含量的下降稍慢，在第五天左右降到最低水平，福建金线莲的下降速度更快，如图 2-26(c)所示。

台湾金线莲和福建金线莲叶片的花青素含量随着紫外光诱导时间的延长而升高，在第五天达到最高峰，分别为诱导前的 7.13 倍和 11.34 倍，如图 2-27 所示。

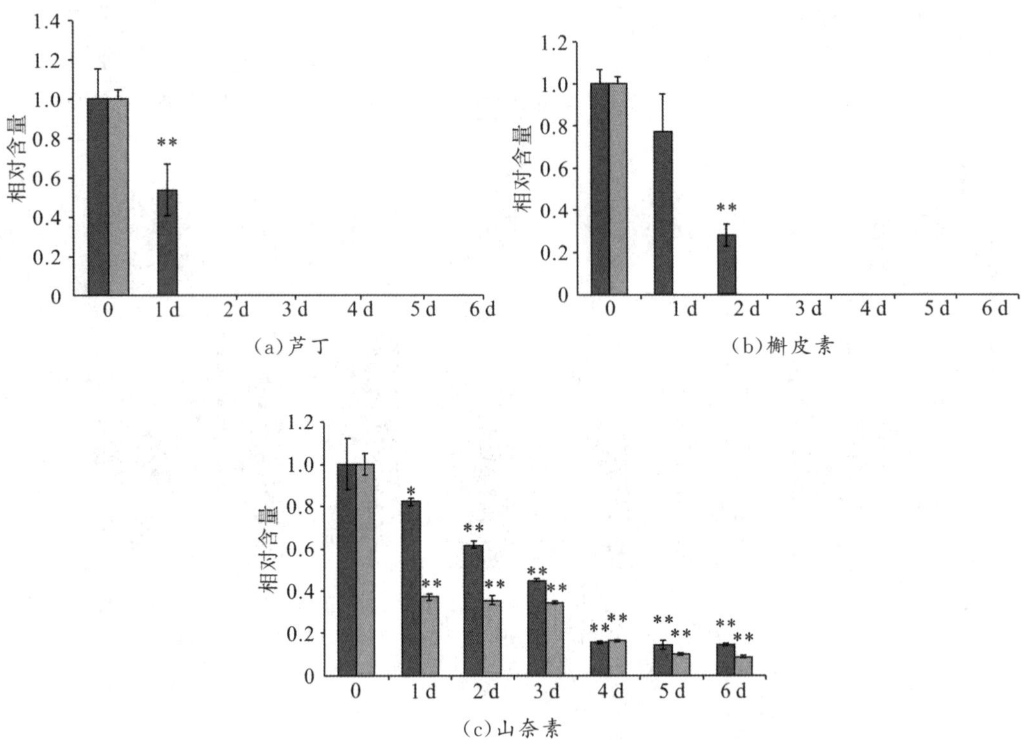

图 2-26　紫外光诱导下台湾金线莲和福建金线莲 3 种黄酮醇含量的相对差异

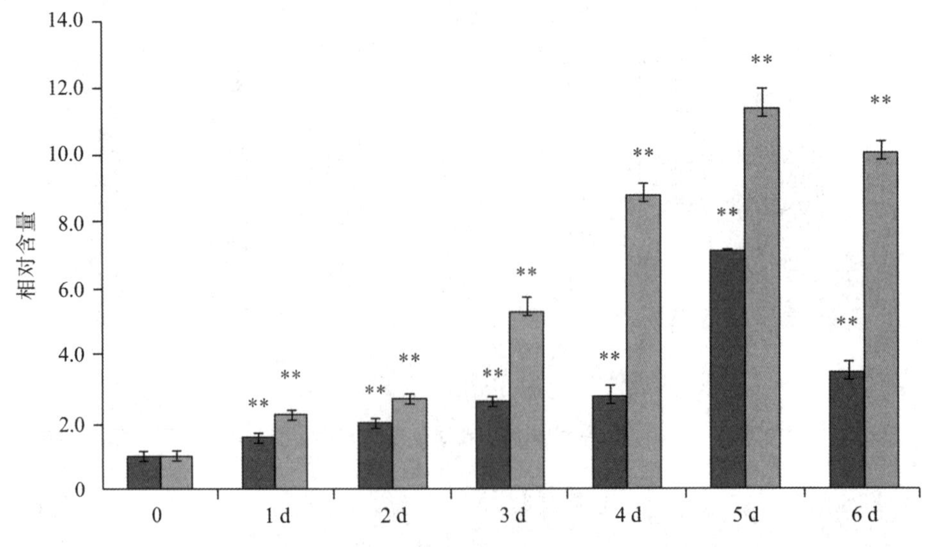

图 2-27　紫外光诱导下台湾金线莲和福建金线莲叶片花青素相对含量

台湾金线莲和福建金线莲的丙二醛含量也随紫外光诱导时间的延长而升高，分别在第六和第五天后达到最高峰，其中台湾金线莲的升高幅度显著大于福建金线莲，如图 2-28 所示。

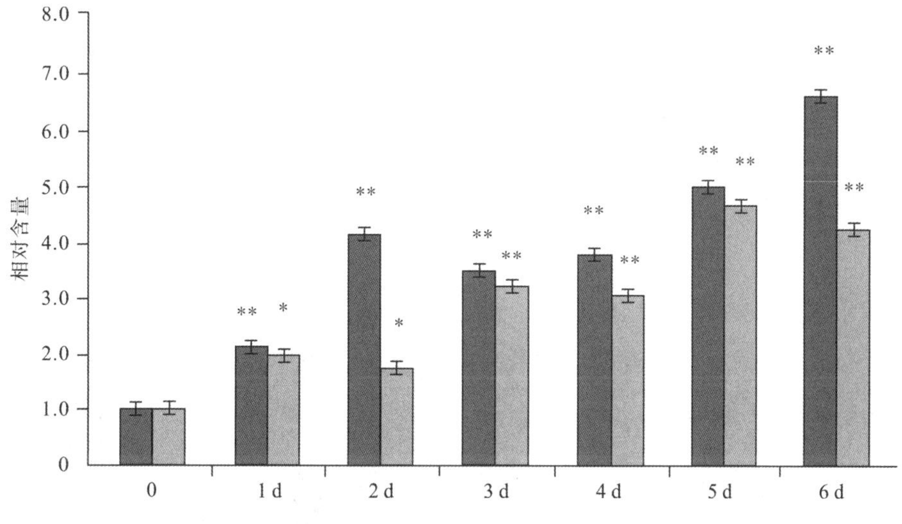

图 2-28　紫外光诱导下台湾金线莲和福建金线莲丙二醛相对含量

在紫外光诱导下，台湾金线莲和福建金线莲的 *CHS* 基因表达均显著上调，分别在 12 h 和 8 h 达到诱导前的 3654.7 倍和 21994.7 倍，如图 2-29 所示。福建金线莲 *CHS* 基因的表达比台湾金线莲 *CHS* 基因对紫外光诱导的响应更加显著。

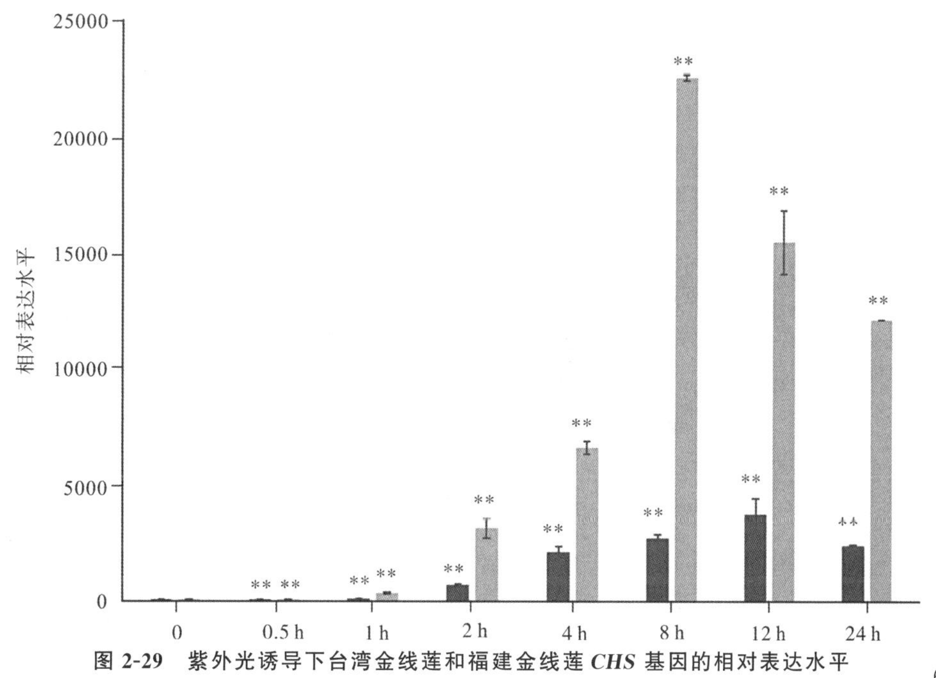

图 2-29　紫外光诱导下台湾金线莲和福建金线莲 *CHS* 基因的相对表达水平

(六)苯丙氨酸诱导的响应

在苯丙氨酸诱导下,台湾金线莲和福建金线莲总黄酮积累增加,在第五天达到最高峰,分别为诱导前的1.51倍和1.38倍,两种金线莲之间差异不显著,如图2-30(a)所示。两种金线莲的自由基清除率也随苯丙氨酸诱导时间的延长而升高,分别在第四和第三天达到最高峰,为诱导前的2.06倍和1.30倍,台湾金线莲的升高幅度显著大于福建金线莲,如图2-30(b)所示。

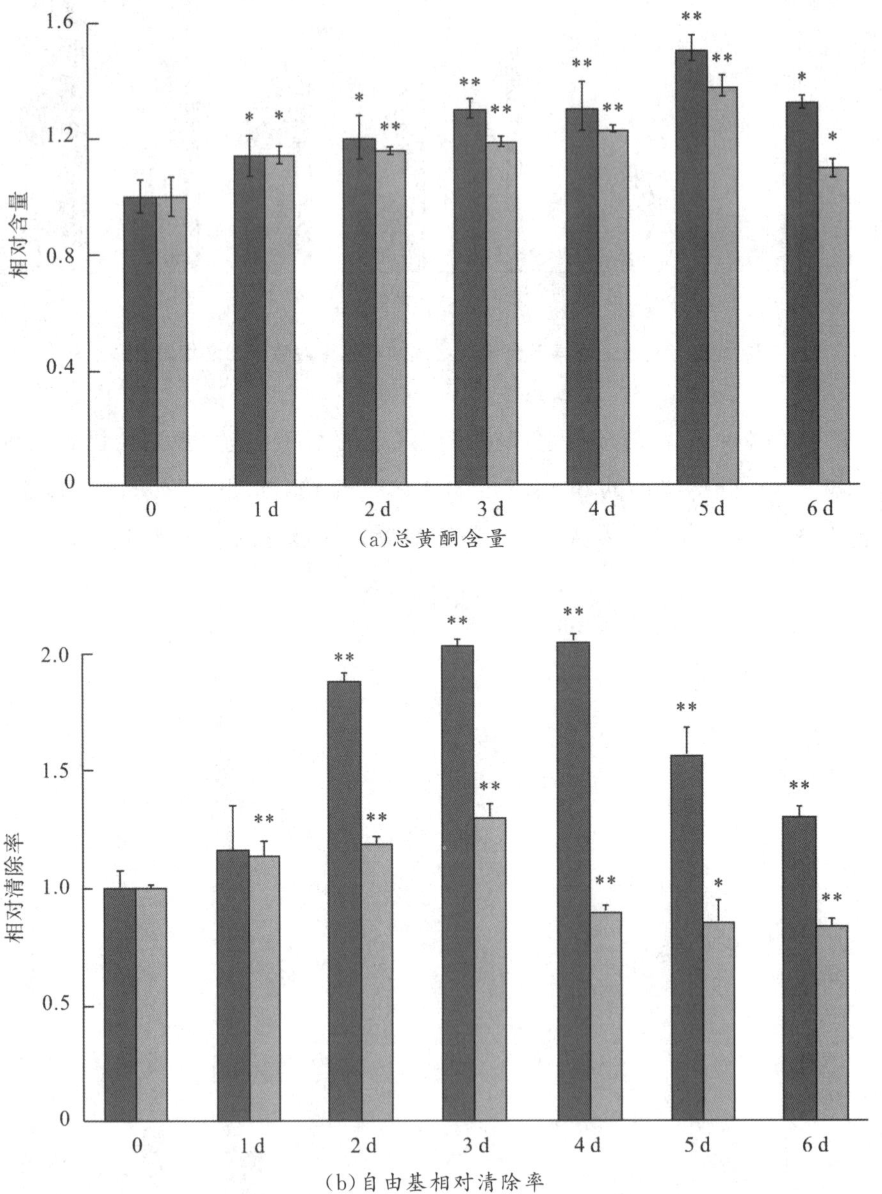

图2-30 苯丙氨酸诱导下台湾金线莲和福建金线莲总黄酮含量和自由基相对清除率差异

两种金线莲芦丁和槲皮素的含量在苯丙氨酸诱导下先下降，至第四和第三天后回升，如图 2-31(a)和(b)所示。台湾金线莲芦丁含量的下降幅度显著小于福建金线莲，而且第四天后的回升幅度也显著大于福建金线莲，如图 2-31(a)所示。福建金线莲槲皮素含量的下降幅度显著小于台湾金线莲，而且第三天后的回升幅度也显著大于台湾金线莲，如图 2-31(b)所示。在苯丙氨酸诱导下，两种金线莲的山奈素含量均显著下降，但台湾金线莲的下降幅度显著小于福建金线莲，如图 2-31(c)所示。

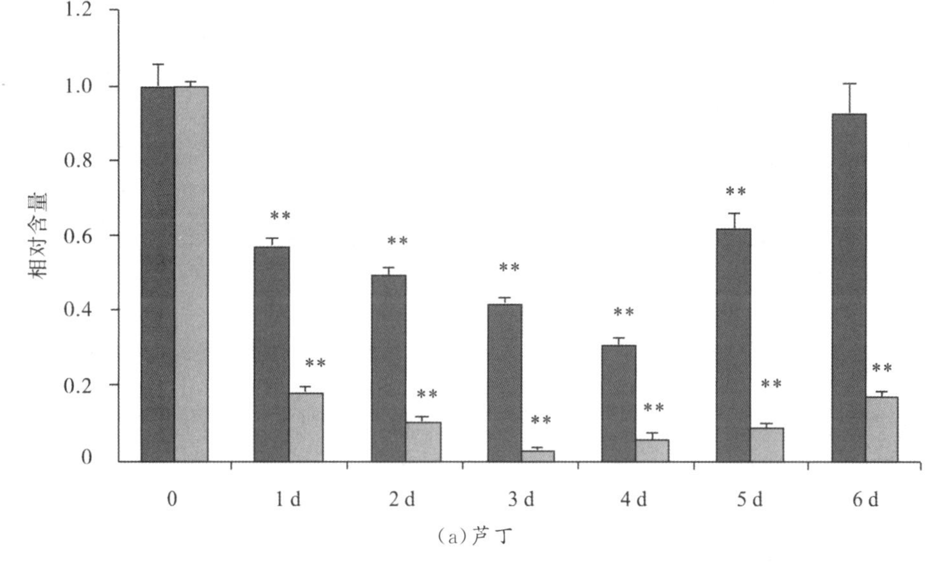

(a)芦丁

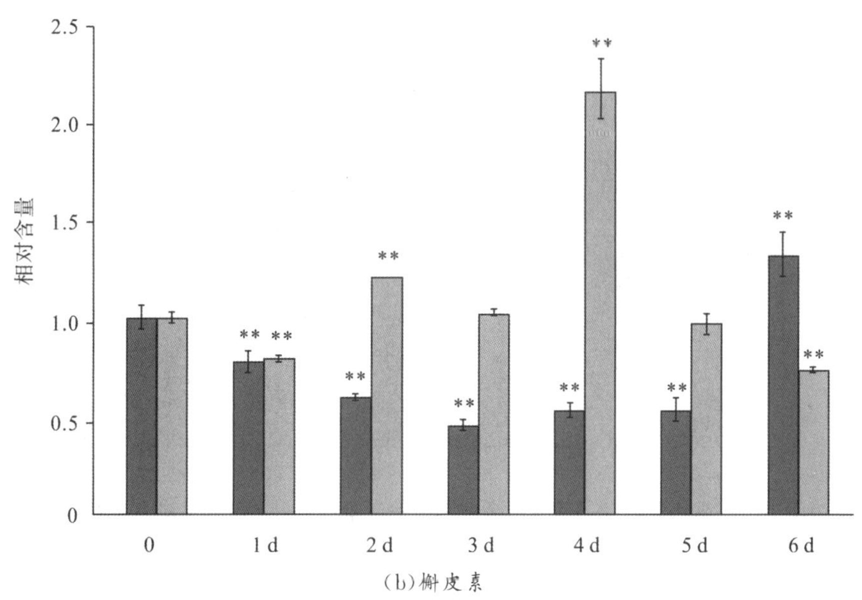

(b)槲皮素

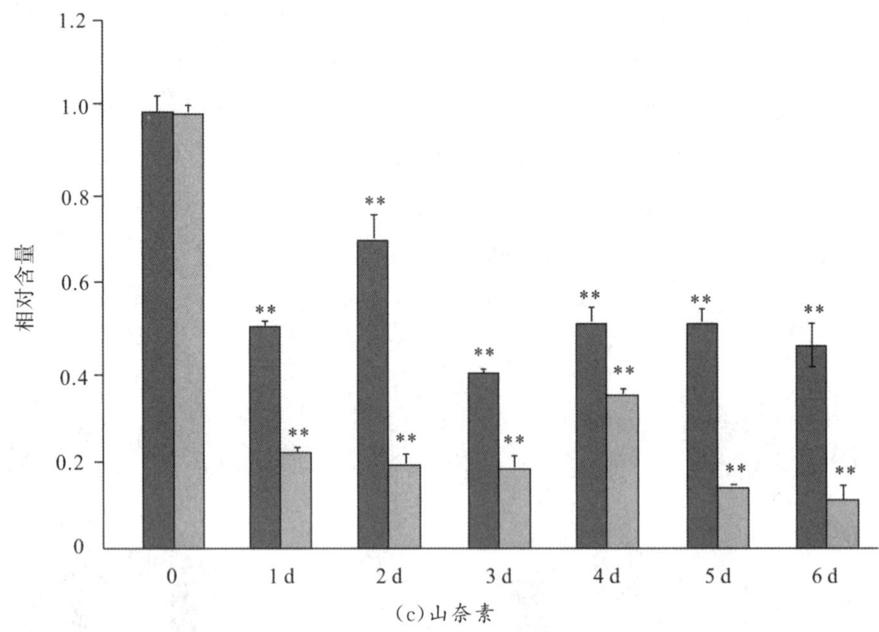

(c)山奈素

图 2-31　苯丙氨酸诱导下台湾金线莲和福建金线莲 3 种黄酮醇含量的相对差异

两种金线莲叶片的花青素含量随苯丙氨酸诱导时间的延长而升高，台湾金线莲的升高幅度大于福建金线莲，如图 2-32 所示。

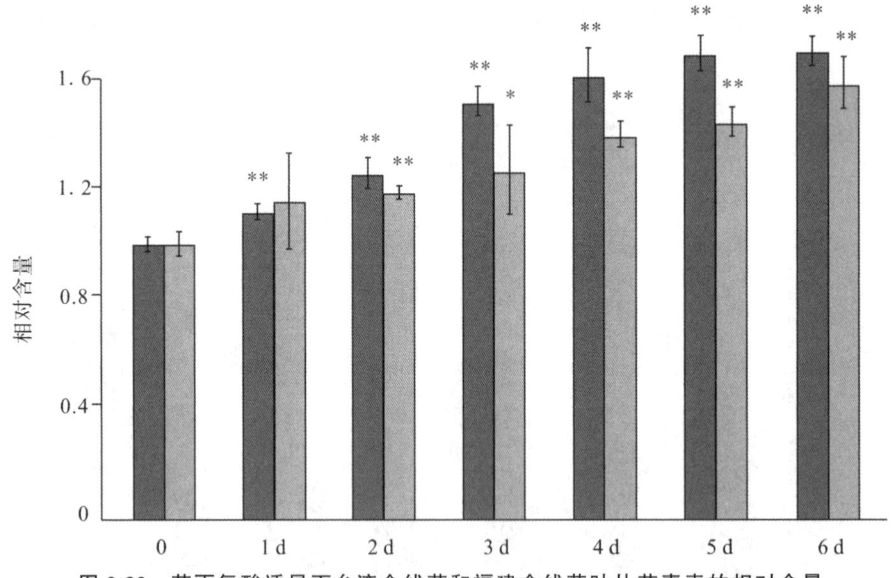

图 2-32　苯丙氨酸诱导下台湾金线莲和福建金线莲叶片花青素的相对含量

两种金线莲丙二醛含量随苯丙氨酸诱导时间的延长而升高，台湾金线莲一开始的升高幅度小于福建金线莲，如图 2-33 所示。

在苯丙氨酸诱导 4 h 后，台湾金线莲和福建金线莲 *CHS* 基因的表达极显著或显

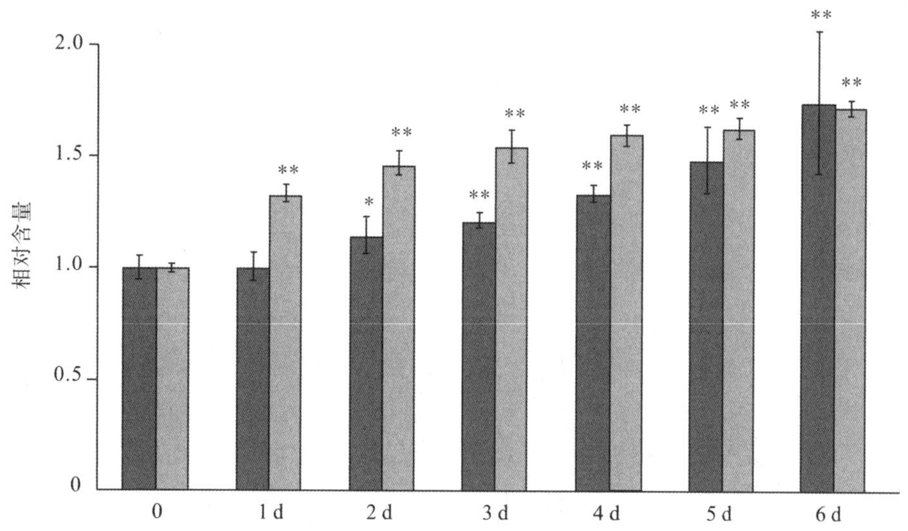

图 2-33　苯丙氨酸诱导下台湾金线莲和福建金线莲丙二醛的相对含量

著上调，台湾金线莲在 4 h 达诱导前的 81.53 倍，福建金线莲在 8 h 达诱导前的 7.49 倍(图 2-34)。台湾金线莲 *CHS* 基因的表达比福建金线莲 *CHS* 基因对苯丙氨酸诱导的响应更显著。

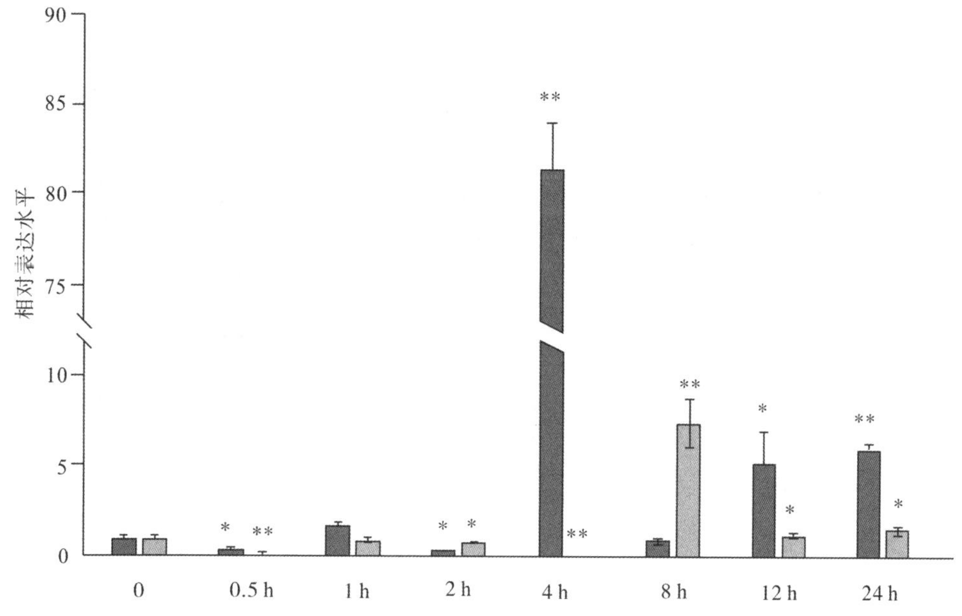

图 2-34　苯丙氨酸诱导下台湾金线莲和福建金线莲 *CHS* 基因的相对表达水平

(七)NaCl 诱导的响应

两种金线莲的总黄酮含量和自由基清除率均随 NaCl 诱导时间的延长而升高，在第六天分别达到诱导前的 2.04 倍和 3.45 倍、1.33 倍和 1.42 倍，福建金线莲的升高幅度大于台湾金线莲(图 2-35)。

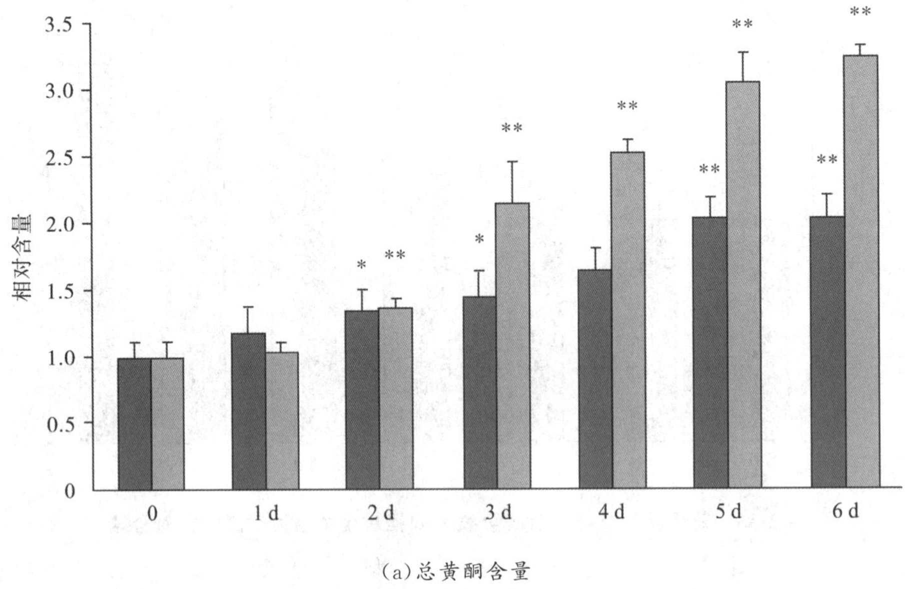

(a)总黄酮含量

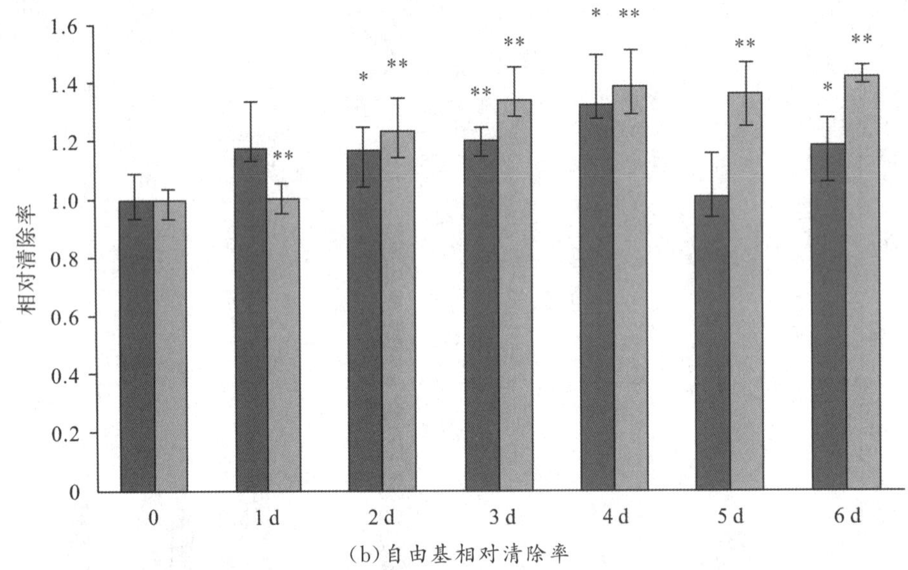

(b)自由基相对清除率

图 2-35　NaCl 诱导下台湾金线莲和福建金线莲总黄酮含量和自由基相对清除率差异

在 NaCl 诱导下，台湾金线莲的芦丁含量变化不大，而福建金线莲的芦丁含量却在第五和第六天大幅度升高，第五天达到诱导前的 21.28 倍，如图 2-36(a)所示。两种金线莲的槲皮素含量在 NaCl 诱导下有升高，在第二至第五天升高最为明显，如图 2-36(b)所示。

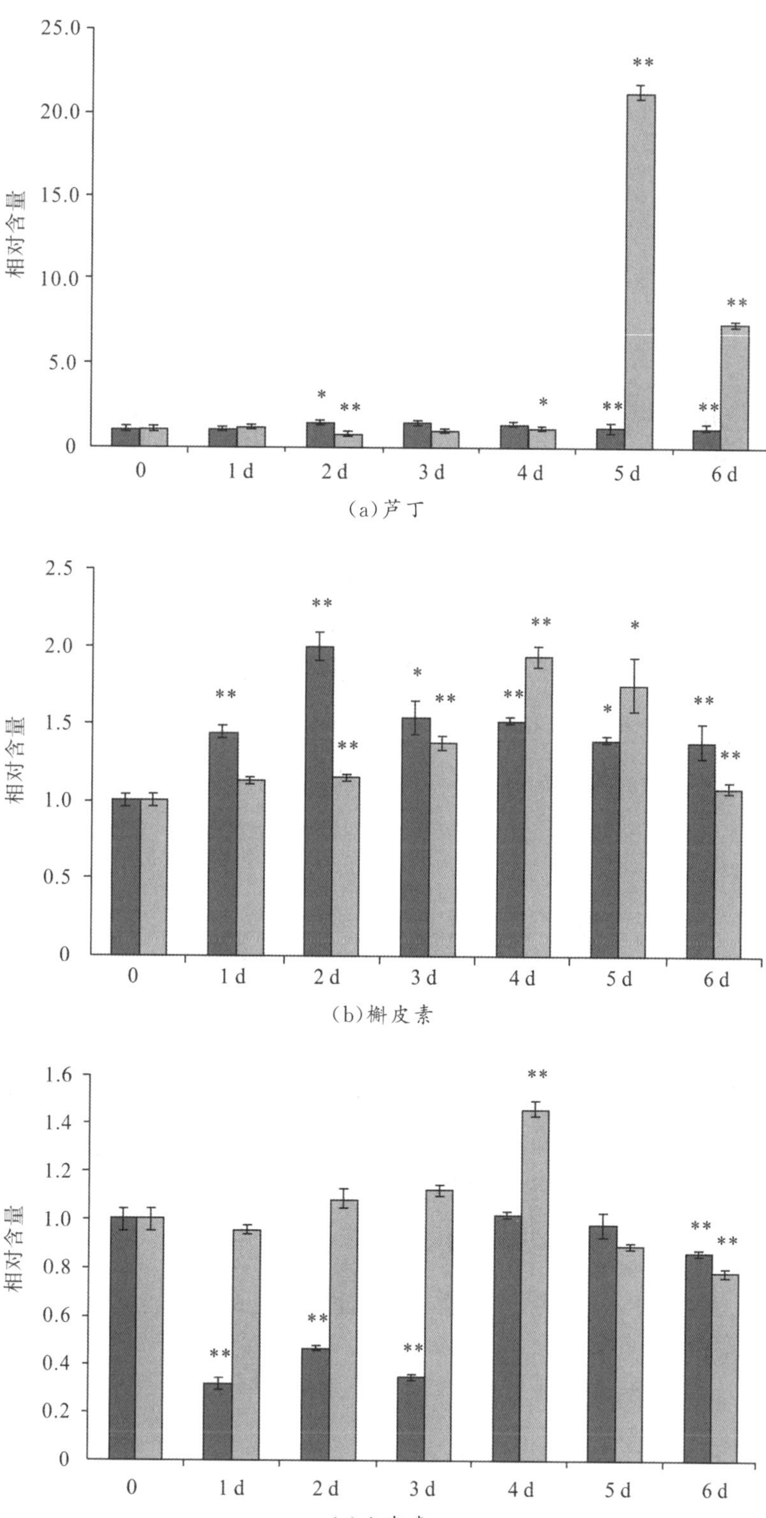

图 2-36　NaCl 诱导下台湾金线莲和福建金线莲 3 种黄酮醇的相对含量

在 NaCl 诱导下，台湾金线莲和福建金线莲叶片的花青素含量均显著升高，在第五天达到最高峰，分别达到诱导前的 1.95 倍和 1.73 倍(图 2-37)。

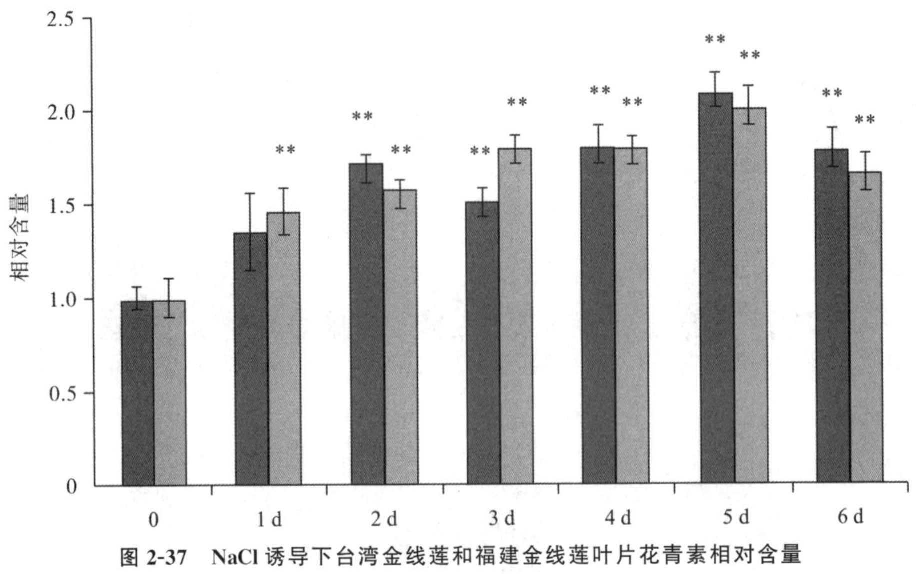

图 2-37　NaCl 诱导下台湾金线莲和福建金线莲叶片花青素相对含量

在 NaCl 诱导下，两种金线莲的丙二醛含量略有升高，但变化不大，至第六天的峰值也分别只有诱导前的 1.26 倍和 1.23 倍(图 2-38)。

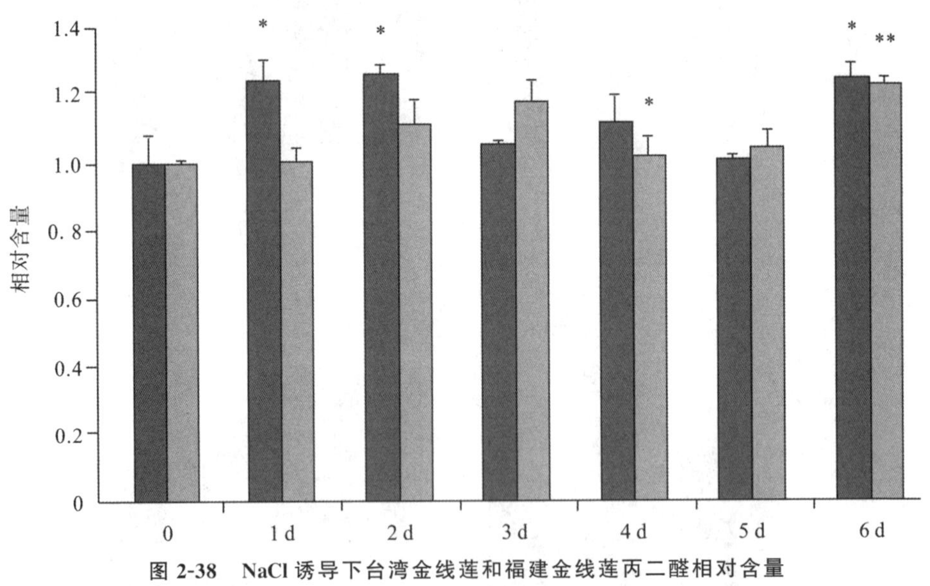

图 2-38　NaCl 诱导下台湾金线莲和福建金线莲丙二醛相对含量

台湾金线莲 *CHS* 基因的表达对 NaCl 诱导显著响应，分别在第二和第十二小时达到诱导前的 36.23 倍和 19.46 倍。福建金线莲 *CHS* 基因的表达对 NaCl 诱导的响应较弱，在第八小时后达到诱导前的 3 倍以上(3.83 倍、3.44 倍和 3.20 倍)(图 2-39)。

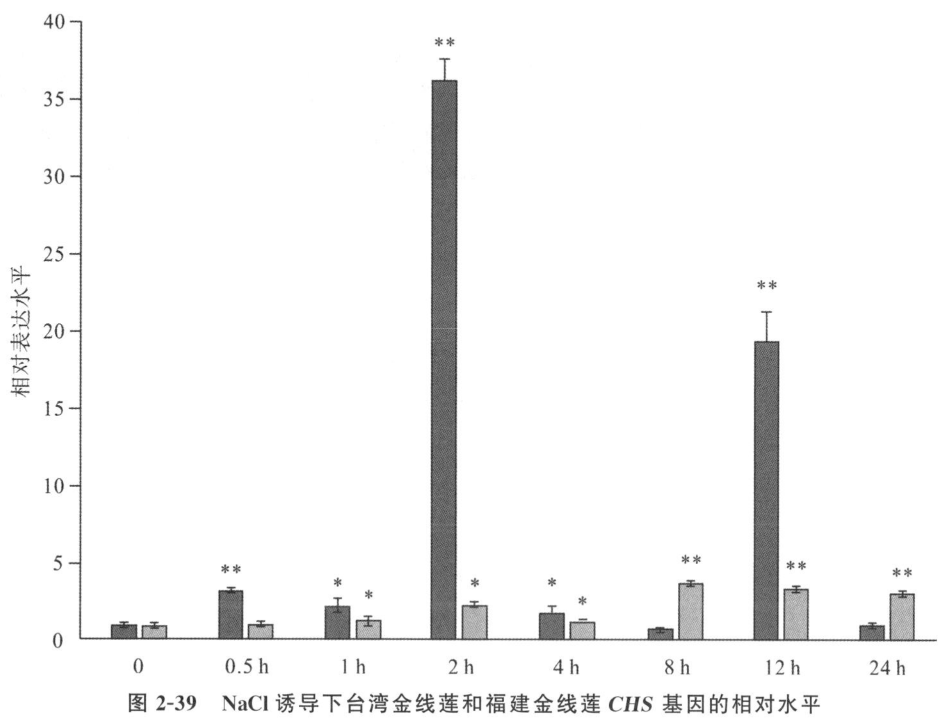

图 2-39　NaCl 诱导下台湾金线莲和福建金线莲 *CHS* 基因的相对水平

五、优良株系选择育种

基于以上诱导表达模型，总结基因表达与黄酮类化合物合成联系，创建了基于活性成分检测、基因表达检测的金线莲高黄酮分子辅助育种关键技术。结合植株表型分析，从收集的 38 份金线莲种质中，初筛 4 个高黄酮含量的优良株系，精选 RF0703001 和 RF0703006 应用于生产(表 2-2)。

表 2-2　金线莲高黄酮含量株系指标比较(栽培 3 个月)

指标	 RF0703001	 RF0703006	 RF0703021	 RF0703036
鲜重	2.84 g	2.67 g	2.53 g	2.85 g
株高	11.78 cm	12.05 cm	10.35 cm	12.09 cm
茎粗	1.95 mm	2.23 mm	1.72 mm	2.15 mm
叶片数	5 片	5 片	4 片	4 片
总黄酮含量	5.79 mg/g	3.86 mg/g	3.17 mg/g	3.35 mg/g

续表

指标	RF0703001	RF0703006	RF0703021	RF0703036
总萜含量	15.86 mg/g	15.31 mg/g	15.18 mg/g	15.17 mg/g
芦丁含量	238.21 μg/g	135.26 μg/g	8.36 μg/g	9.35 μg/g
槲皮素含量	21.86 μg/g	8.32 μg/g	3.48 μg/g	3.99 μg/g
山奈素含量	139.57 μg/g	86.37 μg/g	18.45 μg/g	23.18 μg/g
麦角甾醇含量	1.09 mg/g	0.98 mg/g	0.87 mg/g	0.88 mg/g
豆甾醇含量	0.98 mg/g	0.78 mg/g	0.71 mg/g	0.78 mg/g
β-谷甾醇含量	1.31 mg/g	1.25 mg/g	1.37 mg/g	1.36 mg/g
PAL 基因相对表达量	>1	>1	>1	>1
CHS 基因相对表达量	>1	>1	>1	>1
FPS 基因相对表达量	<1	<1	<1	<1

金线莲活性成分代谢通路关键限速酶基因的克隆及应用弥补了分子辅助育种技术缺失，目前已获得“一种获得已知序列侧翼未知序列的方法”“一种来源于福建金线莲的牻牛儿基焦磷酸合酶基因及其应用”“一种来源于福建金线莲的查尔酮酶基因及其应用”“一种来源于台湾金线莲的查尔酮酶基因及其应用”“一种福建金线莲的苯丙氨酸解氨酶及其编码基因、重组载体、重组工程菌及应用”“一种台湾金线莲的苯丙氨酸解氨酶及其编码基因、重组载体、重组工程菌及应用”“一种源于福建金线莲焦磷酸合酶基因”“一种源于中国台湾金线莲的焦磷酸合成酶基因”8 件发明专利(图 2-40)授权。

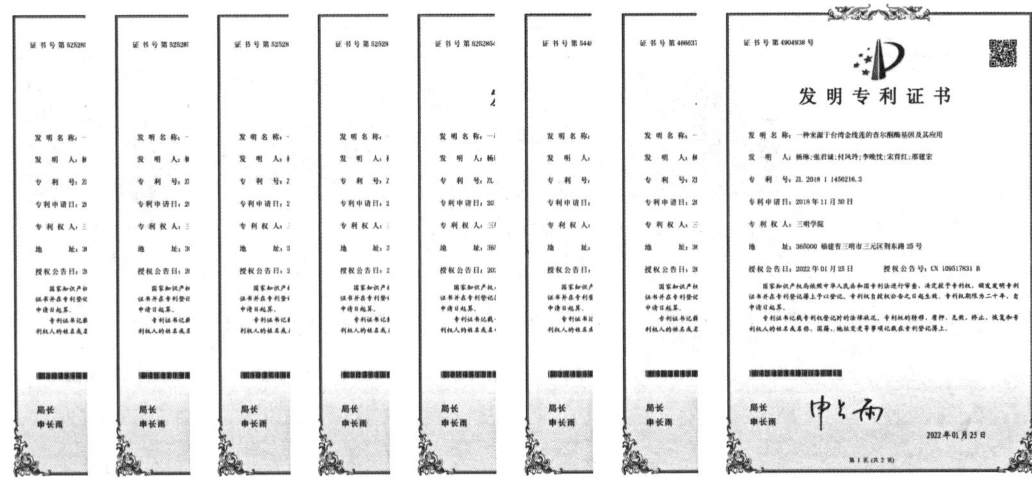

图 2-40　相关发明专利

开放讨论题

金线莲还可以通过哪些方式进行分子辅助育种？

思考题

1. 植物分子育种的主要目标是什么？
2. 植物遗传转化的主要方法包括哪些？
3. 金线莲分子辅助选择育种的诱导模型如何建立？
4. 金线莲分子辅助选择育种中优良株系选择的指标包括哪些？

第三章　金线莲种苗繁育

第一节　药用植物种苗繁育方法

药用植物种苗繁育是现代药用植物栽培的首要环节和核心基础。繁育的种苗即为药用植物繁殖材料，是药用植物栽培生产的物质基础，其数量多少决定着药用植物栽培生产的规模，质量高低直接影响着中药材的产量与品质。优质种子、种苗是实现中药材生产规范化与规模化的基础和源头。

繁殖是生物体发育到一定阶段产生和自身相似新个体以延续后代的过程。药用植物种类繁多，繁殖方法多种多样，根据繁殖时“种”“栽”的材料不同，可将药用植物繁殖方法分为无性的营养繁殖和有性的种子繁殖两大类。营养繁殖是由植物营养器官（根、茎、芽、叶等）发芽、生根产生新个体；种子繁殖是由雌、雄两性配子结合形成的种子发芽、生长形成新个体。种子繁殖是药用植物繁殖的主要方式。

一、营养繁殖

营养繁殖又称无性繁殖，是一种利用植物营养器官具有再生能力和分生能力来繁殖和培育新个体的繁殖方法。营养繁殖形成的新个体由于是母体发育的继续，其开花结实较种子繁殖要早，并能保持母体的优良性状和特性。但传统营养繁殖的繁殖系数较低，繁殖材料的贮藏、运输不如种子方便，有些药用植物种类（如地黄、山药等）连续多代营养繁殖后容易引起品种退化，导致药材产量与品质下降。

常用的营养繁殖方法有分离、压条、扦插、嫁接等。此外，利用现代生物技术进行植物组织或细胞培养快速形成新个体的方法也属于营养繁殖范畴，并且繁殖系数较高。

（一）分离繁殖

将药用植物营养器官从母株上分离下来，另行栽种而培育成独立新个体的繁殖方法，称为分离繁殖。此法简便，成活率高，能大大缩短成熟年限，但因繁殖系数较低，所需母株数量较多。

根据采取母株部位的不同，分离繁殖可分为分块茎（半夏、天南星等）、分球茎（如番红花、慈姑等）、分根茎（如山药、重楼、黄精等）、分鳞茎（如百合、浙贝母等）、分根（如太子参、丹参、芍药等）、分珠芽（如山药、卷丹、半夏等）和分株（如砂仁、麦冬、黄连等）。分离时间因药用植物种类和气候条件而异，大多在秋末或早春植株休眠期内进行。

（二）压条繁殖

压条繁殖是将母株部分枝条压入土中或用其他湿润材料包裹，生根后再与母株分离，经栽植而成为新个体的繁殖方法。凡用扦插、嫁接等不易成活的药用植物常用此法繁殖。压条时间一般多在夏末秋初，七八月间最佳。压条时，为了中断来自叶和枝条上端的糖类、生长素类等有机物质向下输导，使这些物质积聚在处理部位，以利于生根，可以在将来的分离部位实施枝条环状剥皮等措施。

根据具体方式的不同，压条繁殖方法可分为普通压条法、空中压条法、堆土压条法等。

1.普通压条法

普通压条法主要适用于枝条接近地面、组织柔软不易折断的灌木类药用植物，如栀子、夹竹桃等。具体方法是将母株上近地面的一、二年生枝条弯曲压入土中（深度8～10 cm），待被压枝条生根后再与母体分离另行栽植。若枝条较长可将其曲成波状，分段固定压入土中，可以形成较多的新个体，如连翘、忍冬、葡萄、猕猴桃等。

2.空中压条法

空中压条法主要适用于植株高大、枝条不易弯曲触地的药用植物，如化橘红、酸橙、龙眼、山茱萸等。具体方法是在母株上选一、二年生枝条，在准备触土的部位环割或刻伤，将松软细土和苔藓混合湿润后裹上，外用薄膜包扎，下口扎紧，上口稍松，或用从中部剖开的竹筒套住，其内填充松软细土，注意浇水，保持湿润，待长出新根后，便可与母体分离另行栽植。

3.堆土压条法

堆土压条法主要适用于根部萌蘖多、分枝较硬不易弯曲入土的药用植物，如无花果、贴梗海棠、栀子、杜鹃等。具体方法是在枝条基部先行环割，或先将枝条靠地面短截，使其萌生更多分枝后，再在基部堆覆泥土，待长出新根后，在晚秋或早春与母株分离另行移植。

(三)扦插繁殖

扦插繁殖是截取植株营养器官的一部分,插入土壤或其他基质中,经生根、发芽形成完整新植株的繁殖方法。此法经济简便,繁殖系数较高,新植株生长发育有较大的一致性,在药材生产中应用较为广泛。

1.扦插繁殖的原理

扦插繁殖是利用植物营养器官的分生功能和再生能力,发生不定根或不定芽,从而形成完整新植株。插枝或插条入土后,首先在其基部切面伤口处产生一层薄壁细胞,其后内部薄壁细胞发生多次平行分裂,形成愈伤组织,以保护伤口,防止病菌入侵和营养物质流失,并能发生不定根。但愈伤组织并非发根的主要部位,不定根主要是由根原基的分生组织分化而成的,一般以插枝或插条的节部最易生根。

2.影响插枝或插条成活的因素

(1)植物种类、枝龄和部位:药用植物的种类、插枝或插条年龄及在母株上所处的部位等,对插枝或插条的成活率有很大的影响。如连翘、无花果等枝插最易发根,猕猴桃、柑橘等次之;山楂、大枣根插易发枝,但枝插则不易生根。从一年生枝条上截取的插枝或插条的再生能力最强,易生根成活。枝条中部和基部的再生能力强于枝条上部,枝条上部往往因贮存营养物质较少而不易生根。

(2)枝条发育状况:碳水化合物和含氮有机物是发根的能源物质,插枝或插条中淀粉和可溶性糖类含量高时发根力强,充足的含氮有机物和硼等对根原基的形成和分化也有促进作用。因此,枝条的发育状况对插枝或插条的生根成活有很大影响。凡是从生长健壮、发育充实、营养物质丰富的植株枝条上截取的插枝或插条,不仅成活率高,而且新植株的生长发育状况也较好。

(3)激素:其能促进淀粉和脂肪水解,提高过氧化氢酶等酶的活性,促进组织新陈代谢,加强可溶性化合物向插枝或插条下部运行,加速形成层细胞分裂和愈伤组织形成,从而提高插枝或插条的生根能力。为促进插枝或插条生根,往往在扦插前进行激素处理。

(4)环境条件:在插枝或插条生根期间,应保持适当的湿度,如水分不足,将严重影响插枝或插条的成活。土壤要保持充分湿润,水分含量不能低于田间持水量的50%~60%,尤其是在温度较高、光照较强的情况下,应每天或隔天浇水。各种药用植物插枝或插条生根时对温度的要求常不相同,一般插枝或插条生根的最适土温为15~20 ℃。苗床宜选择土质疏松、通气和保水状况良好的砂质壤土。氧气对插枝或插条生根也很重要,土壤通气良好,有利于发根。

3.促进插枝或插条生根的方法

(1)机械处理:对扦插不易成活的药用植物,可预先在生长期间选定枝条,采取剥皮、环割、纵刻伤、缢伤等措施,使营养物质积累于伤口附近,然后在伤口下部剪取枝条进行扦插,可促进生根。

(2)化学药剂处理:有些药用植物扦插后生根缓慢或困难,经适当的化学药剂处理,可加速生根,如将丁香、石竹等插枝下端用5%～10%的蔗糖溶液浸渍24 h后再扦插,可使生根加快,成活率显著提高。

(3)生长素处理:生长素可促进插枝或插条内部组织的新陈代谢,提高水分吸收,加速贮藏物质分解转化,同时促进形成层细胞分裂,加速插枝或插条愈伤组织形成。生产实际中通常用吲哚乙酸、萘乙酸、2,4-D、胡敏酸等对插枝或插条进行处理。在具体应用时,应根据不同植物或同一植物不同器官对液剂、粉剂、油剂的反应,先做药效试验,以便正确掌握浓度与处理时间,避免发生药害。

4.扦插时期

何时扦插成活率最高,因植物种类、枝条特性和气候条件而异。木本药用植物一般在休眠期为宜,少数种类也可以在生长期间进行扦插,如枸杞、月季、栀子等;常绿药用植物宜在温度较高、湿度较大的雨季进行扦插。草本药用植物的适应性较强,对扦插时间要求不严,除严寒酷暑外,均可进行,但需具备适宜的温度、湿度。

5.扦插方法

根据扦插材料的不同,通常扦插方法可分为根插法(如丹参、山楂、大枣等)、叶插法(如落地生根、秋海棠等)和枝插法。枝插法根据枝条的性质与成熟程度,又可分为硬枝扦插(如木槿、木瓜等)和嫩枝扦插(如菊花、藿香等)。

生产上应用最多的是枝插法,具体操作如下:木本药用植物选一、二年生枝条,草本药用植物用当年生幼枝或芽作插枝。扦插时,根据节间长短不同剪成6～20 cm的小段,每段应有2～3个芽。上切面在芽的上方1 cm处,下切面在节的稍下方,常绿树的插枝应剪去叶片或只留顶端1～2片半叶。将插枝按一定株距斜倚沟壁,上端露出土面为插枝的1/4～1/3,覆土压紧,使插枝与土壤密切接触。扦插期间注意浇水,保持土壤湿润。

(四)嫁接繁殖

将一株植物上的枝条或芽接到另一株带有根系的植物上,使它们愈合生长在一起而成为一个独立的新个体,称为嫁接繁殖。供嫁接用的枝条或芽叫接穗,带有根系的植物称砧木。嫁接繁殖能加速植物的生长发育,提前收获中药材;嫁接后长成的苗木变异性较小,能保持植物品种的优良性状;通过嫁接,可利用砧木对接穗的生理影响，增强植物适应环境的能力。但药用植物的嫁接要特别注意活性成分的变化。

1.嫁接成活原理

植物嫁接能够成活，主要依靠砧木和接穗两者结合部分形成层的再生能力。嫁接后首先由形成层细胞进行分裂，形成愈伤组织，并逐渐填满接穗和砧木间的细缝，砧穗愈伤组织相互连接，新的愈伤组织中一些细胞分化为新形成层细胞，产生新维管组织，砧穗之间的维管系统连通，保证水分和养分的输导，使两者结合在一起，成为一个新的植株。

2.影响嫁接成活的因素

(1)亲和力：是指接穗和砧木在生理和遗传上彼此相同或相近的程度，它是影响嫁接成活的主要因素。两者亲和力高，嫁接成活率也高；反之，不亲和的植物或亲和力差的植物间嫁接很难成活。亲和力高低与接穗和砧木的亲缘远近有直接关系，亲缘愈近，亲和力愈高。

(2)生理状态：植株生长健壮，发育充实，体内贮藏的营养物质较高，嫁接容易成活。因此，要选择生长健壮、对当地环境条件适应性强、生长发育良好的砧木，接穗要从健壮母株的外围选取发育充实的枝条。砧木和接穗萌动早晚对成活也有影响，一般以接穗尚未萌动时，砧木已开始萌动为宜，否则接穗已萌发，抽枝发叶，砧木供应不上水分、养分，影响嫁接成活。接穗的含水量也会影响形成层细胞的活动，一般接穗含水量在50%左右为好。嫁接后也要注意保湿。

(3)嫁接技术：嫁接成活的关键是接穗和砧木两者形成层的紧密结合，所以接穗的削面一定要平滑，这样才能使接穗和砧木紧密贴合。在嫁接时，一定要使接穗和砧木的形成层对准，以利于两者的输导组织连通。嫁接时动作要准确快捷，捆扎松紧适度。

(4)环境条件：主要指温度和湿度。温度过高，蒸发量大，切口水分消耗快，不能在愈伤组织表面保持一层水膜，不易成活。春季雨天，气温低、湿度大，形成层分生组织活动力弱，愈合时间过长，往往造成接口腐烂。不同植物形成层活动要求温度不同，一般以 20～25 ℃为宜。

3.嫁接方法

常用的嫁接方法主要有枝接法和芽接法两类。

(1)枝接法：枝接是用一定长短的一年生枝条为接穗进行嫁接，一般在植物休眠期进行，多在春、冬两季，以春季最为适宜。根据嫁接的形式不同，其又可分为劈接、切接、舌接、嵌合接、插皮接、靠接等，其中较常用的方法是劈接和切接。①劈接：多在早春树木开始萌动而尚未发芽前进行。先选取直径 2～3 cm 的砧木，在离地面 3～5 cm 处，将砧木横切，选皮厚纹理顺的部位劈开深 3 cm 左右，然后取长 5～10 cm 带有 2～3 个芽的接穗，在其下方两侧削成一平滑的楔形斜面，轻轻插入砧木劈口，使接穗和砧木的形成层对准，用塑料条或麻皮等捆扎物绑扎紧，并用黄泥浆封好接口，培土，以防止干燥。②切接：于早春选直径 1～2 cm 的砧木，在距地面 5～10 cm 处截断，削平切面后，在砧木一侧垂直下刀（略带木质部，在横断面上为直径的 1/5～1/4），深达 2～3 cm。再选取具有 2～3 个芽的接穗，顶端剪去梢部，下部与顶端芽同侧削成长 2～3 cm 的斜面，于此斜面的对侧，则削成不足 1 cm 长的短斜面。斜面均须平滑，以利于与砧木密接。接合时，把削好的接穗直插入砧木切口中，至少要使一侧形成层相互密接。

（2）芽接法：芽接是在接穗上削取一个芽片（称接芽），嫁接在砧木上，成活后由接芽萌发形成新植株。芽接法是应用最广泛的嫁接方法，具有接穗经济、愈合容易、结合牢固、成活率高、操作简便易掌握、工作效率高、可接时期长等优点，芽接春、夏、秋 3 季都可进行，但以秋季较为适宜。秋季嫁接既利于操作，又能愈合好，且接后芽当年不萌发，可免遭冻害，有利于安全越冬。目前生产上应用最多的芽接法是“T”形芽接，即选用一、二年生，茎粗 0.5 cm 的砧木，在离地面 5 cm 左右处选光滑无节部位，横切一刀，再从上往下纵切一刀，长约 2 cm，呈一个“T”形切口。切口深度要切穿皮层，不伤或微伤木质部，切面要求平直、光滑。随后，将作接穗的当年新鲜枝条除去叶片，留有叶柄，用芽接刀削取芽片，芽片要削成盾形，稍带木质部，长 2～3 cm，宽 1 cm 左右，由上而下将芽片插入砧木切口内，使芽片和砧木皮层紧贴，用麻皮或塑料条绑扎。芽接后 7～10 天，轻触芽下叶柄，如叶柄脱落，芽片皮色鲜绿，说明已经成活；反之，叶柄不落，芽片表皮呈褐色皱缩状，说明未接活，应重接。接芽成活后 15～20 天，应除去绑扎物，接芽萌发抽枝后，可在芽接处上方将砧木的枝条剪除。

（五）组培快繁

在药用植物栽培过程中，部分药用植物由于自然繁殖力低、生长周期长等，给引种、育种、资源扩大等带来困难，采用组织培养技术进行快速繁殖是解决上述问题的有效途径。

1.组培快繁的概念

药用植物组培快繁是根据植物细胞的全能性，在无菌条件下，利用植物体的一部分，包括细胞、组织或器官，在人工控制的营养和环境条件下繁殖植株新个体的方法。它是一种特殊的营养繁殖方式，与常规繁殖方法相比，属于在试管中进行的一种微型操作过程，因此也称为试管微繁殖技术。

组培快繁是目前应用最多、最广泛和最有成效的一种现代生物技术，通常一年内可以繁殖数以万计的种苗，特别适用于名贵品种、新育成或新引进的稀优种质、优良单株、濒危植物及基因工程植株等的快速繁殖。截至2025年，我国已有200余种药用植物经过离体培养获得了试管植株，实现了快速繁殖，提高了繁殖系数，取得了显著的社会效益和经济效益，如浙贝母、石斛、绞股蓝等。

2.组培快繁的优点

利用组织培养技术进行快速繁殖，与常规繁殖技术相比具有如下优点：①需要材料少。繁殖的初始材料往往只需要少量的茎尖、叶片、茎段或其他器官，可以节省常规营养繁殖所需要的大量母体植株，对于珍贵稀有材料还可以做到不损坏原有植株，保护野生资源。②繁殖速度快，繁殖效率高。组培快繁时每个外植体产生的芽或胚状体常多于常规方法，繁殖周期也短，所以繁殖速度往往比常规方法快。如浙贝母在自然条件下多依靠鳞茎进行无性繁殖，繁殖系数低，而且从栽培到收获需要数年的时间，而经组培得到的浙贝母小鳞茎生长迅速，生长4个月的小鳞茎可以达到栽培2～3年鳞茎的大小。③不受季节和气候的影响。组培快繁在实验室中进行，培养条件可以人为控制，不受外界环境条件的影响。④快速繁殖不能用种子繁殖的药用植物。快速繁殖不能用种子繁殖的药用植物或育种材料，如有些杂交一代、自交系、三倍体、多倍体等。⑤节约成本。组培快繁技术在生产过程中利用多层的集约化培养架，可以在有限的空间内生产大量植株，能够节省土地和人力资源，降低成本。⑥生产脱毒苗。利用茎尖分生组织培养技术，可以有效地脱除植物体内的病毒，生产无病毒植株，能够有效提高药材的产量与质量。

3.组培快繁的过程

药用植物组培快繁过程一般分为6个阶段：①母株与外植体的选择；②无菌培养物的建立；③继代培养；④完整植株的形成；⑤再生植株的驯化和移栽；⑥再生植株的鉴定和质量检测。

(1)母株与外植体的选择。①母株的选择。外植体材料的种质不同导致分化成植株的能力不同，具有优良遗传基础的种质才能繁殖出质量好的种苗。所以在条件允许的情况下，应尽量选择品质好、产量高、抗病毒性好的种质作为母株。此外，还要严格鉴定外植体母株的品种纯度，如外植体母株种质不纯，就不具备某品种的典型性。②外植体的选择。A.取材部位：外植体的取材部位往往由繁殖目的决定，如大蒜、姜的脱毒快繁应取茎尖分生组织，菊花、胡萝卜的植株再生可分别取根尖分生组织、叶片等。外植体材料越幼嫩，快速培养越容易成功。B.外植体大小：外植体能否成活与取材大小具有密切关系。外植体的体积越小，培养成苗越难。所以应尽量选用较大的外植体，如用茎尖和芽代替微小的分生组织就能提高存活率。C.取材时间：外植体的生理状态直接影响快繁效果。取材时间不同，外植体的生理状态不同，在生长季节选取生长活跃的外植体效果较好，因此可把母株种植在温室或生长箱中，以减少季节变化带来的影响。对处于休眠期的鳞茎、块茎、球茎等器官，需要在培养前进行处理，打破休眠。

(2)无菌培养物的建立。①外植体的表面消毒。取材后通常先用自来水冲洗干净，然后选取要接种的材料进行表面灭菌。一般先用75%的乙醇快速浸泡10～30 s，以杀死材料表面的微生物，无菌水冲洗一次，然后放入升汞溶液、次氯酸钠溶液或过氧化氢等杀菌剂中进行消毒，再用无菌水冲洗4～5次，以防杀菌剂影响材料生长。②接种。材料消毒后，在无菌条件下，于超净工作台上，将其接种到培养基上，然后置于培养室中培养。培养基是植物离体培养成功与否的关键，它除了向植物提供营养，还具有维持植物细胞渗透压、调节酸碱度和供给水分的功能。目前尚没有适用于所有植物材料的培养基，不同的植物种类、外植体类型、快速成苗途径所需要的培养基也不同。

(3)继代培养。继代培养快速繁殖的途径主要有以下4个方面：①通过愈伤组织增殖和分化。该途径首先要从外植体诱导形成愈伤组织，通过愈伤组织分割扩大繁殖系数，再由愈伤组织诱导器官发生，进一步分化即可获得小植株，它属于真正意义上的组织培养。其他增殖方式不能获得成功的植物，均可通过愈伤组织途径获得组培苗。该途径的特点是成功率高、繁殖系数大，但是遗传稳定性差。通过愈伤组织获得的试管苗可能会破坏种质的真实遗传，而且随着继代保存时间的延长，愈伤组织再生形成植株的能力下降，甚至完全丧失。②通过腋芽增殖和分化。高等植物的每一叶腋中通常都存在腋芽，在适宜条件下，每一个腋芽均可长成一个新的枝条或小植株，这就是自然条件下扦插繁殖的基础。在离体条件下，加入适当浓度的细胞分裂素，或者去除顶端不加激素，即可使腋芽伸长或长成丛芽，经过反复切割即可得到大量的芽，再经过生根培养就可生产大量的试管苗。芽增殖的特点是简单，能高度保持遗传稳定性，可长期继代繁殖。此繁殖方式一般不需要添加激素，如果某些植物需要使用激素，一定要控制好浓度，防止产生愈伤组织。③通过不定芽增殖和分化。从现存的芽(顶芽和腋芽)以外的任何器官和组织通过器官发生重新形成的芽称为不定芽。在自然条件下，许多植物的器官均可以产生不定芽，在组织培养中可以向培养基中添加激素，促使不定芽的产生。添加的激素一般是生长素和细胞分裂素，细胞分裂素略高于生长素，以免产生过多的愈伤组织。生长素和细胞分裂素的浓度要尽可能低，以保证繁殖品种的遗传稳定性。不定芽增殖的特点主要是繁殖系数高，有较好的遗传稳定性。但是在芽的增殖过程中，要注意外源激素的积累。由于长期反复继代增殖，外源激素的大量积累会造成各种畸形芽的产生，从而影响不定芽的质量。此外，不定芽一定要经过生根培养才能形成真正的植株。④胚状体的增殖。在组织培养条件下，许多植物可以产生胚状体。在诱导胚状体形成时，一般使用胚、分生组织或生殖器官作为外植体，培养基中需要含有丰富的还原态氮和适宜浓度的生长素。胚状体形成后，要及时转移到低浓度或不含生长素的培养基中让胚状体成熟。该方式的特点是增长率高，胚的双极性免去了生根环节，但是胚状体具有休眠现象，其诱导和解除难以把握，而且成苗率不高，形成的植株存在一定的变异。

(4)完整植株的形成。将继代增殖获得的幼嫩小植株转移到生根培养基中，诱导根分化和根系形成，最终成为具有根、芽的完整小植株。有的植物在不定芽继代增殖时，也可以产生根，但是根的分化往往不同步，分化率低。诱导根的生成和植物激素有直接关系，特别是细胞分裂素和生长素的比值。一般细胞分裂素和生长素的比值>1 适于芽的分化和生长，比值<1 有利于根的生长。

(5)再生植株的驯化和移栽。通过快速繁殖获得的再生植株，由于对外界环境的适应能力差，很容易死亡，因此必须经过驯化后才能移栽。再生植株的驯化和移栽是快速繁殖的必经过程。

(6)再生植株的鉴定和质量检测。植株组织离体快速繁殖后，获得的小苗必须进行遗传稳定性和质量的检测。鉴定方法主要有 3 种：①农艺性状观察，如植株高度、叶片数目、叶长、叶宽等，与对照比较，如果性状稳定，整齐一致，则鉴定为遗传稳定；②染色体镜检，主要检查染色体数目，如为二倍体，则遗传稳定，若出现染色体数目变异，如出现多倍体、非整倍体等，则遗传不稳定；③随机扩增多态性 DNA(RAPD)，分别对快速繁殖植株和田间种植的原始植株进行多态性 DNA 扩增带谱的相似性分析，带谱一致者为遗传稳定，不一致者为遗传不稳定。此外还要检查植株的健康状况，如是否携带病菌和病毒等。

4.试管苗增殖率的估算

由于试管苗在接近理想的条件下生长分化，已不受季节限制，有外源植物激素的促进，增殖速度很快。试管苗增殖率可按接种的繁殖体块数，或按培养瓶计算，经过几个周期的培养，看能得到多少块或多少瓶中间繁殖体，这两种方法都比较准确。但不能简单地按接种一个芽培养后获得多少个芽来计算，应按能再切出多少块供再接种的材料来计算。有了每一周期(从接种当天到再次可供接种的当天)需要多少天，每周期每瓶能接种多少瓶(每周期都能稳定地达到)，每瓶有多少苗，这几个基本数字，就可以按照几何增加的原理，按下面简单的公式计算出年增殖率的理论值。

$$y=x^n$$

式中，y 为年增殖率；x 为每周期增殖的倍数；n 为全年可增殖的周期数，$n=365$/每周期的天数。

由上述公式可以看出，培养周期越短，每次增殖的倍数越高，年增殖总倍数就更高。只要每年能增殖 8～10 次，每次增殖 3～4 倍或以上，就可满足快速繁殖的要求。

当然，增殖率理论值会受到许多因素的制约：污染是主要因素之一，还有设备和人力的规模与容量，比如培养用的三角瓶就不可能呈几何级数增加，接种、做培养基的工人也不可能如此增加，因此理论值一般很难达到。

二、种子繁殖

植物的胚珠受精后形成种子，由种子发育而形成新个体的繁殖方法称为种子繁殖。种子繁殖方法简便而经济，繁殖系数大，有利于引种驯化和培育新品种，在药用植物栽培实践中应用最广泛。但种子繁殖的后代由于遗传物质的重组在生长过程中易产生变异，且开花结果较迟，尤其是木本药用植物，用种子繁殖时成熟年限较长。

（一）种子的采收与处理

掌握适宜的采种时间对保证种子的品质十分重要。药用植物种子的成熟期因种类、生态环境、花的着生部位等不同而有很大差异。种子成熟包括生理成熟和形态成熟两个方面。生理成熟就是种子发育到一定大小，营养物质积累到一定数量，种胚已具有发芽能力。形态成熟就是种子中营养物质停止了积累，含水量减少，种皮坚硬致密，籽粒饱满，种皮的颜色由浅变深，呈现出品种的固有色泽。通常情况下，种子的成熟过程是由生理成熟再到形态成熟，但也有些种子形态成熟在先而生理成熟在后，如人参、刺五加、浙贝母等，当种子达到形态成熟时，种胚发育尚未完成，种子采收后，需经过贮藏和处理，种胚才能再继续发育成熟。

种子成熟度对发芽率、幼苗长势、种子耐贮性等均有影响，应采收充分成熟的种子，但有时也有例外。例如，当归、白芷等应采适度成熟的种子留种，老熟种子播种后容易提早抽薹；又如，黄芪、油橄榄等种子老熟后往往硬实增多，使休眠加深，如果采后即播，往往需要采收适度成熟（较嫩）的种子。凡成熟后不及时脱落的种子可以缓采，可待全株种子完全成熟时一次采收；否则，宜及时分批采收，或待大部分种子成熟后将果梗割下，经后熟后脱粒，如白芷、北沙参、穿心莲、补骨脂等。

新采集的种子一般都带有果皮，因此要及时脱粒。裂果类种子（如桔梗、党参、黄芪等）可放在阳光下晒干，待果皮裂开后用木棒敲打，使种子脱出；对酸枣、颠茄等核果、浆果类种子，可将其果实浸入水中，待吸胀后，用棍棒捣拌使果肉与种子分离，然后用清水淘洗，漂选，风干。种子破损后易感染病菌，不耐贮存，因此在种子采收过程中，要尽量避免损伤种子。有些药用植物种子带果皮贮藏时，寿命长、品质好（如栝楼、宁夏枸杞、白芥等）。采收干燥后的种子，要进行净选、精选，取清洁、整齐、饱满且无病虫害的种子贮藏留种。

(二)种子的寿命与贮藏方法

(1)种子的寿命:种子是有一定寿命的。种子的寿命是指种子从发育成熟到丧失生活力所经历的时间,即在一定环境条件下能保持生活力的最长年限。各种药用植物种子的寿命相差很大,寿命短的只有几天或不超过1年,对寿命短的种子(如肉桂、白头翁、芫花、细辛等)应随采随播;伞形科植物如当归、白芷等种子的寿命不超过1年,采收后应尽快沙藏,隔年种子几乎全部丧失发芽力;寿命长的可达5年以上,如豆科、锦葵科、蓼科、苋科等;一般植物的种子寿命为2～4年,如茄科、葫芦科等。种子寿命与贮藏条件关系极大,贮藏条件合适可延长种子的寿命。一般来讲,种子发芽率随着贮藏时间的延长而降低,生产上应尽量采用新鲜种子。

(2)种子的贮藏方法:种子的寿命除与遗传基因、种皮(或果皮)结构、种子内贮藏物、种子含水量、种子成熟度等有关外,还与贮藏条件密切相关,适宜的贮藏条件可以延长种子的寿命。

依据方式不同,种子贮藏方法可分为干藏和湿藏两大类。

干藏法:是将种子贮藏于干燥的环境中。干藏除要求有适当的干燥环境外,有时还需结合低温和密封条件。凡含水量低的种子均可采用此法贮藏。干藏法又可分为普通干藏法和低温干藏法。①普通干藏法:将充分干燥的种子装入麻(布)袋、箱、桶等容器中,置于阴凉、干燥、相对湿度保持在50%以下的种子室、地窖、仓库或一般室内保存。大多数药用植物种子均可采用此法贮存。②低温干藏法:对于种皮坚硬致密、不易透水透气的种子,如山茱萸、合欢、决明等,为了延长其寿命,在进行充分干燥后,可放在0～5 ℃、相对湿度维持在50%左右的种子贮藏室贮存,也可放在冰箱或冷藏室内贮存。对需长期贮存,而用低温干藏仍易失去发芽力的种子可采用密封干藏,即将种子放入玻璃等容器中,加盖后用石蜡或火漆封口,置于贮藏室内。容器内可放些吸湿剂如氯化钙、生石灰、木炭等,可延长种子寿命5～6年。如能结合低温,效果更好。

湿藏法:湿藏的作用主要是使具有生理休眠的种子,在潮湿低温条件下破除休眠,提高发芽率,并使贮藏时含水量需求高的种子生命力延长。一般多采用沙藏层积法,如皱皮木瓜、山茱萸、银杏、酸橙等植物种子。种子数量少时可在室内堆积,将种子和3倍量湿沙混拌后堆积于室内(堆积厚度50 cm左右),上面可再盖一层15 cm厚的湿沙;也可将种子混沙后装在木箱中贮藏。种子数量较多时,可在室外选择适当的地点挖坑,位置在地下水位之上,先在坑底铺一层10 cm厚的湿沙,随后堆放40～50 cm厚的混沙种子(沙∶种子=3∶1),种子上面再铺放一层20 cm厚的湿沙,最上面覆盖10 cm的土,以防止沙子干燥。坑中央要竖插一小捆高粱秆或其他通气物,使坑内种子透气，防止温度升高致种子霉变。贮藏期间须保持一定湿度和0～10 ℃的低温条件，并应定期翻动检查，有时遇到反常的温暖天气，或贮藏末期温度突然升高，可能引起种子提前萌发。如有这种情况，应及时将种子取出并放入冰箱或冷藏室，以免芽生长太长，影响播种。

(三)种子品质检验

药用植物种子品质检验就是应用科学的方法对生产用种进行细致的检验、分析、鉴定，以判断其品质优劣。种子品质包括品种品质和播种品质。种子品质检验包括田间检验和室内检验两部分。田间检验是在药用植物生长期内，到良种繁育田内进行取样检验，检验项目以纯度为主，其次为异作物、杂草及病虫害等；室内检验是在种子收获脱粒干燥后，到晒场、收购现场或仓库进行扦样检验，检验包括净度、含水量、千粒重、发芽力、生活力、病虫害等。其中净度、含水量、千粒重、发芽力、生活力及纯度是主要检验指标。

(1)种子净度又称种子清洁度，是指样品中去掉杂质和废种子后，留下的本药用植物好种子的重量占样品总重量的百分率。净度是种子品质的重要指标之一，是计算播种量的必需条件。净度高，品质好，使用价值高。

(2)种子含水量是指种子中所含水分的重量占种子总重量的百分率。

(3)种子千粒重又称种子饱满度，是指风干状态的1000粒种子的绝对重量，以克为单位。同一种药用植物千粒重大的种子，饱满充实，贮藏的营养物质多，结构致密，能长出粗壮的苗株。千粒重是种子品质重要指标之一，也是计算播种量的依据。

(4)种子发芽力包括发芽率和发芽势。发芽率是指发芽终期的全部正常发芽种子粒数占供检种子粒数的百分率。发芽势是指在规定日期内正常发芽种子的粒数占供检种子粒数的百分率。

种子发芽率=(发芽终期全部正常发芽粒数/供检种子粒数)×100%

种子发芽势=(规定日期内正常发芽粒数/供检种子粒数)×100%

(5)种子生活力是指种子发芽的潜在能力，或种胚所具有的生命力。通常采用红四氮唑(TTC)染色法、靛红染色法等来快速检验种子生活力。

(6)种子纯度中的纯度，通常是指品种类型一致的程度。它是根据种子外观和内部状况来确定的。若一批种子中混杂异品种愈少，则一致性愈高，种子纯度愈高。

(四)种子的休眠特性

种子休眠是由于内在因素或外界条件的限制，一时不能发芽的现象。休眠是一种正常现象，是植物抵抗和适应不良环境的一种保护性生物学特性。凡是种子收获后，在适于发芽的条件下，暂时还不能发芽的现象称为生理休眠；由于种子得不到发芽所需条件，暂时不能发芽的现象，称为强迫休眠。导致生理休眠的原因主要有：①胚尚未成熟；②胚虽在形态上发育完全，但贮藏物质还没有转化成胚发育所能利用的状态；③胚的分化已完成，但胚细胞原生质出现孤立现象，在原生质外包有一层脂类物质（上述 3 种情况均需经过后熟作用才能萌发）；④在果实、种皮或胚乳中存在抑制物质；⑤由于种皮太厚太硬，或有蜡质。

（五）种子的播前处理

种子萌发需要一定的水分、温度和良好的通气条件。种子播前处理是指在播种之前，采用不同方法对种子进行的各种处理，它不仅可以提高种子品质，防治种子病虫害，打破种子休眠，促进种子萌发和幼苗健壮生长，而且操作简便，取材容易，成本低，是一项经济有效的增产措施，生产上已被广泛采用。种子处理的方法很多，可归纳为以下三大类。

1.物理因素处理

（1）浸种。采用冷水、温水或冷、热水变温交替浸种，不仅能使种皮软化，增强透性，促进种子萌发，而且还能杀死种子内外所带病菌，防止病害传播。不同种子浸种的时间和水湿不同，如颠茄种子在 50 ℃温水中浸 12 h，穿心莲种子在 37 ℃温水中浸 24 h，均能显著促进发芽。

（2）晒种。晒种不仅能促进种子后熟，提高发芽势和发芽率，还能防治病虫害。晒种时，最好能将种子薄薄地摊在竹席或竹匾上，并要经常翻动种子，促使其受热均匀。晒种时间的长短，要根据种子特性和温度高低而定。

（3）层积处理。层积处理是打破种子休眠常用的方法，人参、牡丹、芍药、银杏、忍冬、黄连、吴茱萸等种子均常用此法来促进后熟。方法是：先将种子与腐殖质土或清洁细沙按 1∶3 充分拌和，装于花盆或小木箱内，存放于阴凉处。如种子数量多，也可选干燥阴凉处挖坑，坑的大小视种子数量而定，先在坑底铺一层细沙，上放一层种子，再盖细沙，如此层积，在最上面覆盖一层细沙，使之稍高出地面即可。

（4）机械损伤处理。利用搓擦等机械方法损伤种皮，使难透水、气的种皮破裂，增强透性，促进种子萌发。如将杜仲翅果剪破，取出种仁直接播种，上盖 1 cm 左右厚砂土，在 4 月份适温（平均气温 18～19 ℃）和保持土壤湿润的情况下，25～30 天出苗率可达 87.5%。种皮被有蜡质的种子（如黄芪、穿心莲等），可先用细沙摩擦，使种皮略受损伤，再在 35～40 ℃温水中浸 24 h，可显著提高发芽率。

2.化学物质处理

(1)激素或生长调节物质处理。常用的激素或生长调节物质有吲哚乙酸、赤霉素、α-萘乙酸、2,4-D等。若使用浓度适当、浸种时间合适,能显著提高种子发芽率和发芽势。如党参种子用0.005%的赤霉素溶液浸泡6 h,发芽势和发芽率均能提高1倍以上;用1.5×10^{-5}赤霉素溶液处理牛膝、白芷、枯梗等种子,可提早1～2天发芽。

(2)一般药剂处理。用化学药剂处理种子,必须根据种子的特性,选择适宜药剂和适当浓度,严格掌握处理时间,可收到良好的效果。如颠茄种子用浓硫酸浸渍1 min,再用清水洗净后播种,可提高发芽率;明党参种子在0.1%小苏打、0.1%溴化钾溶液中浸渍30 min,捞起后立即播种,一般可使发芽提早10～12天,发芽率提高10%左右。

(3)微量元素处理。以适宜浓度的微量元素溶液浸种,可促进种子萌发。溶液浓度和浸种时间因植物种类不同而有差异。常用的微量元素有硼、锰、锌、铜、钼等。

3.生物因素处理

一些细菌能把土壤和空气中植物不能直接利用的元素变成植物可吸收利用的养分。利用细菌肥料处理种子,可以促进药用植物生长发育,也能增加土壤有益微生物。常用的菌肥有根瘤菌剂、固氮菌剂、磷细菌剂和"5406"抗生菌肥等。如豆科植物决明、望江南等,用根瘤菌剂拌种后,一般可增产10%以上。

(六)播种

1.播种量

播种量是指每亩土地播种所需的种子数量。播种应根据药用植物种类、播种方法、播种密度、种子千粒重、种子发芽率等情况决定,同时结合当地气候、土壤及其他环境条件酌情增减。一般种植密度大、千粒重高而发芽率和清洁度低的种子,播种量应多些,反之则可少些。

2.播种期

药用植物特性各异,播种期很不一致,通常以春、秋两季播种为多。一般耐寒性差、生长期较短的一年生草本药用植物以及种子没有休眠特性的木本药用植物宜春播,如白花蛇舌草、紫苏、荆芥、薏苡、川黄柏等。耐寒性较强、生长期较长或种子需要休眠的药用植物应秋播,如枯梗、珊瑚菜、厚朴等。由于我国各地气候差异很大,同一种药用植物在不同地区的播种期也不一样,如红花在南方宜秋播,而在北方则多春播。每一种药用植物在当地都有一个最适宜的播种期,在这个时期内播种,药材产量高、质量好。错过播种季节，产量和品质都会显著下降。因此，播种期应根据药用植物生物学特性和当地的气候条件而定，做到不违农时，适时播种。

3.播种深度

播种深浅和覆土厚薄，直接影响到种子萌发、出苗和植株生长，甚至决定着播种的成败，生产上应引起足够重视。播种深度与药用植物种类、种子大小及生物学特性、土壤状况、气候条件等多种因素有关。种子大的可适当深播，反之则宜浅播；质地疏松土壤可适当深播，黏重板结土壤则要浅播；气候寒冷、气温变化大、多风干燥地区要稍深播，反之则应浅播。覆土厚度一般为种子大小的 2～3 倍。

4.播种方式与方法

药用植物种子的播种方式分为直播和育苗移栽，播种方法分为点播（穴播）、条播和撒播，应根据各种药用植物的生物学特性、土地情况和耕作方法等适当选择。

（1）播种方式：

①直播是将种子直接播种于大田。这种方法省工省力，成本低，管理方便。适宜于种子籽粒较大，发芽容易，发芽率高，幼苗期不需要特殊管理，苗期生长快，生育期较短的药用植物。大多数一年生及许多多年生药用植物可以采用此法播种，如薏苡、红花、决明、牛膝、桔梗等。②育苗移栽。适宜于种子细小，苗期需要特殊管理或生育期很长，或在生长期较短的地区引种需要延长生育期的种类，应先在苗床育苗，然后移植到大田。大部分木本药用植物也应采用育苗移栽法，如黄柏、杜仲、人参、白术、泽泻、毛地黄、穿心莲等。A. 育苗：是经济利用土地，培育壮苗，延长生育期，提高种植成活率，加速生长，实现优质高产的一项有效措施。育苗圃地要选择地点适中或靠近种植地，且排灌方便、避风向阳、土壤疏松肥沃的田块。圃地选好后，按要求精细整地作床。育苗可分为保护地育苗、露地育苗、无土育苗等。苗床形式通常有露地、温床、塑料小拱棚、塑料温室（大棚）等。B.移栽：播种后经过一段时间的育苗，当苗长到一定高度或一定大小时就应考虑移栽。移栽要及时，一般草本药用植物在幼苗长出 4～6 片真叶时移栽，木本药用植物则需培育 1～2 年才能移栽。移栽时期应根据药用植物种类和当地气候而定，木本药用植物一般在休眠期或大气湿度高的季节移栽为宜，如杜仲、厚朴等多在秋季落叶后至春季萌发前移栽，酸橙、樟树等常绿木本药用植物则应在雨季移栽。草本药用植物除严寒酷暑外，其余时间均可移栽。移栽时应选择阴天无风或晴天傍晚进行。移栽前一段时期应节制浇水，进行蹲苗。移栽时，如果床土较干燥，需先行浇水，使土壤松软，便于起苗，带土移栽更易成活。移栽草本药用植物时，应先按一定行/株距挖穴或沟，然后直立或倾斜栽苗；深度以不露出原入土部分，或稍微超过为好；根系要自然伸展，不要卷曲；覆土要细，并要压实，使根系与土壤紧密结合；仅有地下茎或根部的幼苗，应将其全部覆土掩盖，但必须保持顶芽向上。

移栽后立即浇定根水，以消除根际空隙，提高土壤毛细管的供水作用。移栽木本药用植物时都采用穴栽，一般每穴只栽 1 株，穴要挖深、挖大，穴底土要疏松细碎。原则上深度应略超过植株原入土部分，穴径应超过根系自然伸展的宽度。穴挖好后，直立放入幼苗，去掉包扎物，使根系伸展开。先覆细土，约为穴深的 1/2 时，压实后用手握住主干基部轻轻向上提一提，使土壤能填实根部的空隙。然后浇水使土壤润透，再覆土填满、压实，最后培土至稍高出地面。

(2)播种方法：

①点播，又称穴播，是按一定的株/行距在畦面挖穴播种，每穴播种子 2～3 粒。待种子发芽出苗后，保留一株生长健壮的幼苗，其余的除去或移作补苗用。该法适用于大粒种子。②条播，是按一定的行距在畦面开小沟，将种子均匀播于沟内。该法便于中耕除草和施肥，利于植株通风透光，幼苗生长健壮，在生产中应用较为普遍。③撒播，是将种子均匀撒于畦面，然后覆盖细土。出苗后，通过间苗保持适宜密度。该法操作简便，节省劳力，但不便于除草、追肥等田间操作，适用于小粒种子。大田直播多采用点播与条播，苗床育苗以撒播或条播为宜。

第二节　金线莲种苗繁育技术应用实例

金线莲为自花授粉植物，自然授粉率低，种子难以采收，且因种子无胚乳、发芽率低，种子繁殖困难重重。金线莲组培技术应运而生，但金线莲组培多次继代会出现生活力降低、抗性减退和品质衰退变劣现象，且组培扩繁生产流程与环节冗余，生产效率低。另外，组培苗根系羸弱，菌根形成困难，应用于林下生态栽培成活率低、植株生长缓慢，生产效益差亟须创新集成种苗供给体系，提升金线莲种植效益与产品安全。因此，一方面，在种苗复壮基础上，集成了自主发明的多节间茎段一体化接种技术和“接种-大棚培养”一步培育法，优化了金线莲工厂化快繁育苗生产流程，缩短成苗时间。发明多层植物培养架用光源独立调节装置，合理控制光照强度和光照时间，提高光合作用效率，使金线莲组培苗的出苗时间缩短 1/3，茎粗壮度增加 1/4。另一方面，急需创新建立种子育成、实生苗繁育等种子技术，突破产业技术瓶颈。本章节介绍了通过对花粉活力、寿命和柱头可授性规律观察，至 2020 年，已总结出金线莲人工授粉的最佳时机和技术，平均授粉率达 85.23%，结实率比自然状态提高 3 倍以上，解决了金线莲自然结实率极低难题；摸索了金线莲种子最佳采收时期与保存方法，种子活力达 98.72%，种子萌发率提升至 80.03%。以 RF0703001 和 RF0703006 株系为主要种源，建立金线莲种子生产基地 500 m^2，年产优质种子可供育苗 12 亿株。建立了金线莲种子繁育技术的企业技术规范，有效破解了金线莲有性繁殖与生产应用的技术瓶颈。

一、金线莲人工辅助种子繁育技术

（一）金线莲人工辅助授粉

采用 TTC 法和过氧化物酶法测定花粉活力与寿命，用联苯胺-过氧化氢法测定柱头可授性，并对不同授粉方式的植株进行结实特征调查。采集花后第三天花粉对采集花后第四天的柱头进行人工异花授粉杂交，可显著提高结实率（图 3-1 和表 3-1 至表 3-3），总结出金线莲人工授粉的最佳时机和授粉技术，平均授粉率达 85.23%，结实率比自然状态提高 3 倍以上，解决了金线莲自然结实率极低难题（表 3-4）。

图 3-1　金线莲人工授粉

表 3-1　TTC 法测定花粉活力结果

采集时间/天	花粉活力率/%	染色特征	寿命判断
1	92.5	深红色颗粒	活性强
2	92.5	深红色颗粒	活性强
3	93.5	深红色颗粒	活性强
4	88.9	红色颗粒	活性中等
5	85.4	红色颗粒	活性中等

表 3-2　过氧化物法测定花粉活力结果

采集时间/天	花粉活力率/%	染色特征	酶活性等级
1	90.1	深蓝色	活性强
2	90.4	深蓝色	活性强
3	90.5	深蓝色	活性强
4	78.7	蓝色	活性中等
5	73.4	蓝色	活性中等

表 3-3　柱头可授性检测

开花后时间/天	柱头黏液分泌	反应特征	可授性等级
1	少量	无气泡	不可授
2	少量	少量气泡	弱
3	少量	少量气泡	弱
4	大量	大量气泡	强
5	干燥	无气泡	不可授

表 3-4　不同授粉方式结实特征调查

授粉方式	授粉率/%	结实率/%
自然授粉	28.59	15.31
人工镊子授粉	85.23	48.74
毛笔授粉	80.78	30.21

(二)金线莲种子采收与保存

通过摸索金线莲种子最佳采收时期与冷冻干燥保存方法,种子活力达 98.72%,种子萌发率提升至 80.03%(图 3-2 和表 3-5)。

图 3-2 金线莲果荚分装与种子收集

表 3-5 不同采收时期和干燥方式对种植活力和种子萌发率的影响

采收时间	干燥方式	种子活力/%	种子萌发率/%
授粉后 40 天	热风干燥	85.31	71.21
授粉后 50 天	热风干燥	88.79	73.45
授粉后 60 天	热风干燥	87.71	70.45
授粉后 40 天	冷冻干燥	93.24	76.99
授粉后 50 天	冷冻干燥	98.72	80.03
授粉后 60 天	冷冻干燥	96.31	75.34

(三)金线莲种子圃建立

以 RF0703001 和 RF0703006 株系为主要种源,建立金线莲种子生产基地 500 m^2(图 3-3),年产优质种子可供育苗 12 亿株。建立了金线莲种子繁育技术的企业技术规范,有效破解了金线莲有性繁殖与生产应用的技术瓶颈。

图 3-3　金线莲种子生产基地

二、金线莲组培技术

以筛选的优良株系 RF0703001 和 RF0703006 为种源，开展金线莲幼胚拯救技术研究，比较不同培养基的类型、激素配方等条件对胚萌发的影响（图 3-4）。

图 3-4　实生母瓶苗（组培扩繁种源复壮）

（一）改良组培技术

优化金线莲组织培养灭菌技术、接种技术、培养条件，改良金线莲组培装置和组培操作台等设备，采用多节间茎段一体化接种技术繁育实生苗。

一种金线莲组培装置(专利号:201721309808.3),如图3-5所示,包括一个组培架、若干个组培瓶,组培瓶包括相盖合的瓶体与瓶盖。瓶盖中间设有安装座,安装座的底端与瓶盖的底端相平齐,安装座的底端安装有灯珠,安装座的顶端安装有与灯珠电连接的供电插头,组培架上铺设有由开关控制的供电线路,供电线路上连接有若干个供电插座,供电插头可插接在供电插座中。本专利在组培瓶的瓶盖上安装灯珠,在通电时发光为组培瓶内的组织或小苗提供光照;由于灯珠在瓶盖与瓶体相盖合后位于组培瓶内,因此位于组培瓶中间的组织或小苗光照充足。

一种金线莲组培操作台(专利号:201721309747.0),如图3-6所示,包括两个操作台体、一套空气净化装置、一套环形链板输送机,环形链板输送机具有两个直线段和两个半圆环段,两个操作台体分别与环形链板输送机的两个直线段相拼接,空气净化装置安装在环形链板输送机中间的环形空腔中,环形链板输送机上设有与两个操作台体密闭连接的罩体,操作台体上安装有分别与环形链板输送机、空气净化装置电连接的电源开关。本专利通过环形链板输送机将两个操作台体组合起来,适合双人配合操作,提高了金线莲的接种效率。

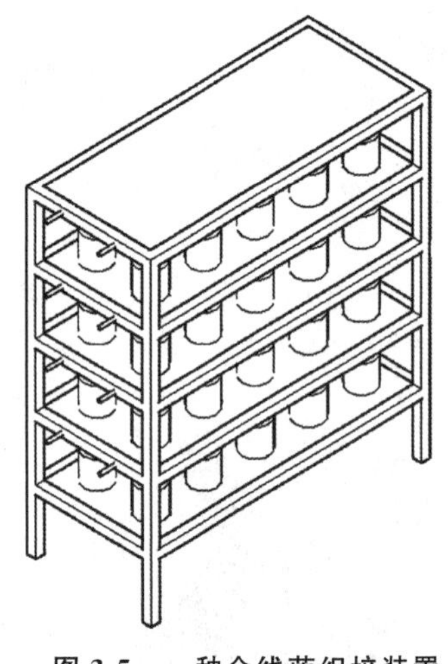

图3-5　一种金线莲组培装置

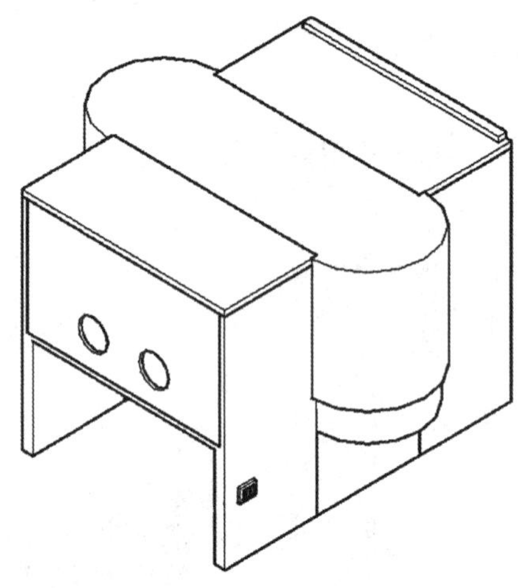

图3-6　一种金线莲组培操作台

(二)确立组培技术规程

人工繁育金线莲的方法多种多样,目前福建范围内的主产区主要采用的是以芽(腋芽)繁芽的组织培养方式。通过对金线莲组织培养技术的优化与研究,创新了金线莲组织培养方法,加快金线莲的产业化生产,为金线莲的种植和合理开发利用提供基础。

1.外植体的建立

(1)取材:取长势良好、无病虫害的野生金线莲植株,取回后置于大棚内培养1周左右,其间整株每天喷洒多菌灵(5×10^{-4}),以减少外环境所带的杂菌。

(2)预处理:将金线莲从大棚中取出,将植株洗净后去掉根、叶,再用小刀把叶鞘削掉,按4～5个节间长度切割好。整个过程不要伤及腋芽与顶芽。首先将其置于低浓度洗洁精水中浸泡30 min之后用流动的水冲洗2～3 h,最后用棉花蘸肥皂水擦洗植株后用纱布包起,移至接种室超净工作台上。

(3)消毒:用75%酒精振荡15 s后,再用无菌水冲洗3遍以上;再用0.1%升汞消毒5 min,之后至少使用无菌水冲洗5遍。最后用12%漂白粉澄清液灭菌8 min,无菌水冲洗5～6遍后,在接种盘中用无菌滤纸将其水分吸干后备用。

(4)接种:将上一步处理好的材料切除两端处被消毒液浸泡部分后按单个节间方式切出,之后将其按平铺的方式放置于已灭过菌的培养基中培养。

2.三步一体化金线莲的组织培养技术

本课题组研制出使用一种培养基可以将金线莲组培的芽诱导、芽增殖、根诱导等3个阶段缩减至一个阶段完成,这样在提高金线莲分化诱导速度的同时还减少了诱导的培养时间。培养基为1/2 MS(即大量元素减半,其他成分不变)+6-BA 0.5 mg/L+NAA 0.5 mg/L+IBA 0.1 mg/L+土豆200 g/L+0.75%琼脂+3%蔗糖,pH值5.8,培养温度(23±2)℃。诱导过程保证每天光照10 h,光照度1500～2000 lux。

继代10天后茎段开始萌发新芽,20天新芽长出白色绒毛与新根,40天新芽长至5～6 cm,培养50天左右,植株长至10 cm时可进行室外移栽。

3.移栽

移栽一般选择在气温较低的秋冬季节。首先应对瓶苗金线莲进行炼苗:将瓶苗金线莲移至一般室内放置3天后,开盖加水再放置3～5天。之后将苗从瓶中取出、洗净,再经多菌灵(10^{-3})消毒后,供阴凉大棚内种植使用。栽培基质采用腐殖土∶椰糠∶细沙=1∶1∶1。移植前基质进行日晒消毒,移植后用1∶5000倍绿佳喷淋消毒,以后每周喷一次1/4 MS来补充养分。整个移栽过程要做好喷水工作,使空气相对湿度保持在70%～85%。

4.大棚栽培或生态种植

大棚栽培是目前金线莲人工栽培的主要形式。大棚温室可分为开放式简易大棚和密闭水帘控温大棚两类。前者对选址有一定要求,多选择在自然与生态条件较好的山地,造价便宜,可粗放管理。这类大棚通常用毛竹搭建,棚顶与四周用遮阳网覆盖,棚顶架设喷灌设施,棚内可设3层种植架。

(三)形成组织培养作业指导书

指导书主要用于公司从种苗培育到林下种植,再到采收全过程的作业简要说明,重点在种植过程的说明。

本种植方法是一种通过壮苗控湿进行林下仿生态种植的方法。本方法通过对金线莲自然生长规律的分析，针对每个生长环节的特点制定科学的管理方法，使金线莲在天然森林仿生态下健康成长。

1.种苗培育的关键步骤

说明：金线莲种苗的品质决定后天生长的优劣。所以，要从种植的培育开始制定科学的管理方法，目的是培育出粗壮的种苗。

(1)金线莲种源的把控：选择福建本地的优良品种为母种。目的：以更好地适应当地的气候环境。

(2)金线莲外植体质量的把控：选择粗壮的金线莲为外植体，且外植体继代不超过 15 代，及时淘汰更新。目的：防止退化与免疫力低下，保证成活率和金线莲质量。

(3)组培营养配方的把控：营养液的配方以 MS 为基础，增加香蕉、马铃薯等天然营养，减少 6-BA 等生长调节素。目的：削弱外来激素对金线莲生长的副作用，防止种苗长得太快太细。种苗以粗壮为标准，不以长度为标准(传统做法：过度使用激素，片面追求生长速度)。

(4)组培株数的把控：采用金线莲组培通用的直径为 10 cm 的玻璃瓶，每瓶株数控制在 20～22 株。茎段摆放均匀，分 3 圈，外圈 14 个，中间一圈 6 个，内圈 2 个。目的：避免数量太多，造成种苗柔弱细长(传统做法：追求数量，每瓶 28～30 株)；茎段摆放间距均匀，营养吸收均匀，同时又避免根系缠绕在一起，出苗清洗时伤害根脉。

(5)接种时间的控制：根据金线莲种植时间，确定金线莲组培接种时间。从接种到种植时间控制在 4～5 个月，下土种植时间根据具体的种植地点的气候特点。目的：种苗出苗时间与种植一致，保证种植的成活率。

2.炼苗大棚建设的关键步骤

说明：使金线莲种苗更适应种植基地的自然环境，又尽可能利用资源，节省成本。

(1)炼苗大棚选址：选择山谷、背阳的地方；选择地面平坦开阔，通过平整，可以有 100 m^2 以上的利用空间的地方；选择森林覆盖较密、遮光度较高、温度较低的地方。

(2)地面平整：四周挖好排水沟，土地平整。

(3)架子搭建：在距地面 50 cm 的高度搭建用于放置组培瓶的架子。大小不限，充分利用空间；材料不限，因地制宜，可以使用竹木材料，也可以使用废弃回收的钢铁塑料管网等。

(4)遮阳遮雨设施的搭建：分 3 层，上层是遮光率 90%的遮阳网，中间层是塑料薄膜，下层是遮光率 75%的遮阳网。上层遮阳网的作用是遮阳和遮物，避免树叶树枝掉下；中间层塑料薄膜的作用是遮挡雨水；下层遮阳网的作用是用于控制光照强度。

3.炼苗阶段的关键步骤

说明:使金线莲种苗更壮,更适应种植基地的自然环境。

(1)炼苗第一阶段:组培接种工序完成后,直接把组培瓶放置于炼苗大棚。瓶子上面用两层遮光率 90%的遮阳网覆盖,保持组培瓶不见光,处于黑暗状态。时间 10～15 天,待茎芽开始有萌发迹象时,把覆盖在组培瓶上的遮阳网拿掉。

(2)炼苗第二阶段:其间需要每天观察金线莲生长情况,一方面根据光照的情况,利用下层的遮阳网调节光照强度,同时及时处理有感染的组培瓶。整个时间约3.5个月,合计第一、二阶段约 4 个月。

(3)炼苗第三阶段:这阶段为金线莲移植做准备,分两个步骤,首先把组培瓶的盖子松开,但不要打开盖子,时间为 15 天左右。然后开盖,把组培瓶的盖子完全移走,让金线莲完全暴露在空气中,时间为 15 天左右。合计第一、二、三阶段,总时长约 5 个月。

4."接种-大棚"一步培育法

通常使用筛选的株系较为强壮,适应性好,也可不进行炼苗,采用"接种-大棚"一步培育法,直接移栽种植(图 3-7)。其步骤包括:

图 3-7　"接种-大棚"一步培育法

(1)取苗:取苗时,先往组培瓶里灌些水,轻轻摇晃,让金线莲种苗松散后,小心地用手把苗取出。关键点:避免金线莲苗根、茎、叶受伤,因为受伤的种苗容易受病菌感染。

(2)洗苗:小心地把种苗根系分开,用清水清洗两遍。关键点:洗净,根、茎、叶不受伤。

(3)第一次选苗:把根、茎、叶受伤,纤弱的种苗挑拣出来,这些不适合种植的要处理掉。

(4)灭菌:把选出来的合格种苗用清水清洗干净后,放在1∶2000浓度的高锰酸钾溶液中浸泡5 min。

(5)晾干:把浸泡在高锰酸钾溶液中的金线莲种苗小心地捞起,在阴凉处自然沥水。

(6)第二次选苗:把经过消毒的金线莲种苗进行第二次挑拣,有序排列整齐,准备种植。

(7)种植:将选好的苗栽种到基质中。

开放讨论题

比较传统金线莲组织培养技术流程与“接种-大棚”一步培育法技术流程的差异。

思考题

1. 药用植物营养繁殖主要包括哪些方法?
2. 药用植物种子储藏方法有哪些?
3. 金线莲组培技术的步骤包括哪些?
4. 金线莲人工辅助种子繁育技术难点是什么?

第四章 金线莲高效栽培

开展药用植物栽培，是保证中药材产量与质量的基本途径。随着国家中药现代化的实施，许多现代科学技术在药用植物栽培中得到了广泛应用，药用植物栽培研究呈现出一些新的发展趋势，从而促进了中药材生产的发展，为实现药用植物栽培的规范化、标准化发挥了积极作用。

第一节 中药材规范化生产

中药材质量的安全、有效、稳定、可控，是中药饮片、中成药质量稳定可控的前提，是保证中药临床疗效的物质基础。为推行药用植物规范化栽培，解决当前存在的种质混乱、种植技术不统一、滥施农药化肥、中药材质量低且不稳定等问题，建立中药材生产技术标准和质量标准，促进我国中药产品质量与国际市场要求接轨，推动我国医疗保健事业的健康发展，我国于 2022 年颁布了《中药材生产质量规范》，为提高和稳定中药材质量奠定了基础。

一、中药材生产质量管理规范

（一）概念

《中药材生产质量规范》，简称中药材 GAP，是由国家药品监督管理局于 2022 年施行的行业管理法规，是控制影响中药材产量和品质的各种因子，规范生产各环节乃至全过程，保证中药材真实、安全、有效及品质稳定、可控的基本准则。

我国实施中药材 GAP 是在吸取国外植物药材 GAP 经验的基础上，结合我国实际情况而开展的，它同《药品非临床研究质量管理规范》(GLP)、《药品临床试验管理规范》(GCP)、《药品生产质量管理规范》(GMP)、《药品经营质量管理规范》(GSP)共同组成药品生产、流通较为完备的质量管理体系。

中药材 GAP 是中药资源学、中药农学与中药法学的综合产物。中药资源学是保证中药材生产的基础，关系到种质资源和优良品种的选育；中药农学是中药材生产栽培技术与措施的实施，即人对药用植物的干预；中药法学对中药生产立法、维权与实施进行监督。其中中药材种质选育、农药和重金属残留控制是关键环节。

(二)主要内容

中药材 GAP 是阐明中药材生产过程中各个环节规范性要求的文件，分为 14 章 144 条。包含质量管理、基地选址、种子种苗或其他繁殖材料、种植与养殖、采收与产地加工、质量检验等章节，适用于中药材生产企业规范生产中药材的全过程管理，是中药材规范化生产和管理的基本要求。中药材 GAP 的发布和实施，有利于推进中药材规范化生产，加强中药材质量控制，促进中药产业高质量发展。

中药材 GAP 对中药材生产企业的质量管理提出了系统的要求。企业应当加强质量管理，明确影响中药材质量关键环节的管理要求，建立有效的生产基地单元监督管理机制，配备与生产基地相适应的人员、设施、设备，明确中药材生产批次，建立中药材质量追溯体系，制定主要环节生产技术规程，制定不低于现行标准的中药材质量标准，制定中药材种子种苗或其他繁殖材料标准。中药材 GAP 要求对中药材生产企业质量控制实行“六统一”：统一规划生产基地，统一供应种子种苗或其他繁殖材料，统一化肥、农药等投入品管理，统一种植或者养殖技术规程，统一采购与产地加工技术规程，统一包装与贮存技术规程。

中药材 GAP 涉及的中药材是指来源于药用植物、药用动物等资源，经规范化的种植(含生态种植、野生抚育和仿野生栽培)、养殖、采收和产地加工后，用于生产中药饮片、中药制剂的药用原料。中药材 GAP 提出，鼓励中药饮片生产企业、中成药上市许可持有人等中药生产企业在中药材产地自建、共建符合本规范的中药材生产企业及生产基地，将药品质量管理体系延伸到中药材产地。鼓励中药生产企业优先使用符合本规范要求的中药材。药品批准证明文件等有明确要求的，中药生产企业应当按照规定使用符合本规范要求的中药材。相关中药生产企业应当依法开展供应商审核，按照本规范要求进行审核检查，保证符合要求。另外，使用符合本规范要求的中药材，相关中药生产企业可以参照药品标签管理的相关规定，在药品标签中适当位置标示“药材符合 GAP 要求”，可以依法进行宣传。对中药复方制剂，所有处方成分均符合本规范要求，方可标示。省级药品监督管理部门应当加强监督检查，对应当使用或者标示使用符合本规范中药材的中药生产企业，必要时对相应的中药材生产企业开展延伸检查，重点检查是否符合本规范。发现不符合的，应当依法严厉查处，责令中药生产企业限期改正、取消标示等，并公开相应的中药材生产企业及其中药材品种，通报中药材产地人民政府。

(三)中药材生产标准操作规程制定

中药材GAP的制定与发布是政府行为，是对各种中药材和生产基地提出的应遵循的统一要求和准则。各生产基地应根据各自的生产品种、环境特点、技术状态、经济和科研实力，再制定出切实可行的、达到中药材GAP要求的方法和措施，这就是标准操作规程(SOP)。SOP的制定必须在总结传统经验的基础上，通过科学研究、技术实验和综合评价，并在实践中加以反复应用证实是切实可行、行之有效的，具有科学性、完备性、实用性和严密性。SOP的制定是企业行为，是企业的研究成果和财富，是检查和认证以及质量审评的基本依据。

应注重研究和制订的SOP有：农业环境质量现状、评价与动态变化，药用动、植物的生物学特性及良种选育与复壮等，物种鉴定与种子、种苗标准，栽培技术经验总结与优化组合，病虫害种类，发生规律与综合防治方法研究，农药使用规范与安全使用标准，农药最高残留与安全间隔期的确定，肥料的合理施用与农家肥的无害化处理，药用植物专用肥的研制，活性成分和指标成分的积累动态与最佳采收期的确定，中药材采收、产地加工方法的研究与改进，中药材品质的检测与认证(国家标准与企业标准)，中药材的包装、运输与贮藏，文件档案的建立与管理等。

在制定中药材GAP各环节的SOP时，应遵循如下原则：①安全性原则：中药材的安全、有效、稳定、可控，是实施中药材生产规范化管理的核心目标，其中安全性是第一位的。忽视了产品的安全，中药材产品就不能称为药品，甚至可能成为毒品。因此，在中药材生产过程中若涉及新品种、新技术和新工艺的引入，首先应遵循符合安全的原则。②区域性原则：中药材自然属性的一个重要内容是具有很强的区域性，中药材的质量优劣与其生长环境紧密相关，应始终围绕中药材质量和对可能影响中药材质量的生产要素加以调控。③可操作性原则：各项SOP是用来指导中药材生产实践的，应经过生产实践反复证明是行之有效、切实可行的，操作规程不能仅仅停留在研究阶段。既要认真吸取国际先进经验，力求操作规程的先进性，又要充分保持中国传统医药学的特色，重视传统的栽培技术和加工方法的总结与提升。在制定各项操作规程时，努力做到“实验研究和生产实际相结合，技术先进与经济合理相结合”。

二、中药材GAP基地建设与管理

确定中药材CAP基地和品种，最重要的是要遵循两个原则：一是“因地制宜，分类指导，统一规划，合理布局”；二是“因品种制宜，尊重自然规律，尊重经济规律”。

(一)中药材 GAP 基地建设

1.基地选点与规划

选择基地应主要考虑生态环境、交通、土壤肥力、水源、社会经济等因素，其中生态环境尤为重要，因为温度、日照、水分、土壤、海拔等是药用植物赖以生存的必要条件。中药材生产具有显著的区域性，独特的生境直接或间接地影响着药用植物的分布、迁移、演变和兴衰。对上述因素的分析评价，是选择中药材种植基地的依据，在此基础上才能发挥其最佳的经济效益、社会效益和生态效益。

中药材种植基地建设是一项比较稳定、长久且投资较大的建设项目，在确定具体地址时，必须对其进行全面评价、规划，尤其应重视基地的规划和设计，包括基地的土地和道路、排灌系统的规划和设计，药用植物种类和品种的选择与配置，防护林、水土保持的规划和设计等。

(1)基地的土地、道路系统的规划和设计。在基地土地规划中，首先涉及小区和道路规划。小区的划分即作业区的划分，基地所采用各项技术的效果和生产费用的多少都与小区的大小和形状有密切关系。基地的道路系统规划包括主路、干路、支路的组成和设计，主路要求位置适中，贯穿全园，便于产品与生产资料运输。

(2)基地的排灌系统的规划和设计。灌水系统包括干渠、支渠和灌水池等，干渠和支渠应设在高处。排水系统由排水干沟、区间的排水支沟和小区的集水沟组成。

2.基地的环境质量要求

中药材 GAP 第二章第七条明确规定，“中药材产地的环境应符合国家相应标准：空气应符合大气环境质量二级标准；土壤应符合土壤质量二级标准；灌溉水应符合农田灌溉水质量标准……”因此，在选择中药材 GAP 基地时，要对环境进行实时跟踪监测，严格按照中药材 GAP 的要求选点，结果符合者才能作为中药材 GAP 基地。一般来讲，中药材 GAP 基地应远离城镇和污染区，远离交通干道 100 m，或周围设有防尘林带。

具体的监测指标包括以下 3 点：①大气：主要包括总悬浮颗粒物(total suspend particulates，TSP)，二氧化硫(SO_2)，氮氧化物(NO_x)和氟化物(F)。②土壤：主要包括重金属和农药残留(简称农残)，重金属主要有砷(As)、铅(Pb)、镉(Cd)、汞(Hg)、铬(Cr)、铜(Cu)，农残主要有六六六、滴滴涕、五氯硝基苯。③水质：灌溉水除了包括上述土壤的重金属指标，还包括氟化物、氯化物、氰化物等。要求有较为丰富的水资源，水质质量相对稳定。如用江湖水作为灌溉水源，要求在基地上方水源的各个支流处无工业污水排放。

3.品种的选择与配置

基地建设前正确选择和确定主栽品种，是开展中药材 GAP 生产的前提条件。当地的气候土壤环境条件、经济植物种植历史和现状及药用植物品种生产现状，都应成为品种选择的参考依据。在实践上选择当地原产或已经试种成功、有较长的栽培历史、经济性状较佳的药用植物种类和品种，就地加以繁殖和推广，是最稳妥的途径。

4.基地的分类与功能

中药材 GAP 基地按功能可分为小试基地、种植示范基地和大规模种植基地。小试基地的功能是围绕具体生产品种就有关问题开展有针对性的田间试验，这些问题包括品种适宜性、施肥、病虫害防治等，通过小试确定最佳栽培技术措施，以保证大田生产的科学化、合理化，并达到优质、高产、稳产的目的。种植示范基地是以新品种、新技术、新成果为先导，以科研单位或个人与地方政府或有一定经验的种植户共同管理为手段，多种经济成分合作，开展生产、科研、示范、培训和推广等多种经济和社会活动的农业综合示范区，具有试验、孵化、集聚、扩散和示范功能。大规模种植基地最突出的功能就是集约化生产和产业化经营，要求：一要生产专业化，要有主导产品，集中生产；二要坚持适度规模开发，即基地本身要有一定的规模，基地内部实行连片开发，以利于组织生产和集中交易，利于采用先进技术装备，利于基地管理，利于提高生产率和实施产业化经营；三要集约化经营，通过采用先进的农业技术措施和技术装备，在一定面积的土地上投入较多生产资源和劳动，并改善经营管理方法，以提高单位面积产量，包括劳动集约、资本集约和技术集约 3 种类型。

(二)中药材 GAP 基地管理

为了确保中药材质量的优质、可控、稳定，结合中药材基地的实际情况，各中药材 GAP 基地(企业)应专设中药材 GAP 质量管理部门，并根据基地(企业)发展规划与生产规模，配备一定数量的专职和兼职(或相当)质量管理、检验(查)人员。

中药材 GAP 基地质量管理人员必须由有一定实践经验、原则性强、政治业务素质高，具有相应专业技术职称或有大专(或相当)以上学历，并能独立解决生产过程中质量问题的人担任，对中药材生产质量进行指导、监督和裁决。从事质量检验、检测与相应计量等工作的专职人员，必须经过专业技术培训，实行资格证制度、定期业务培训和考核制度。

基地(企业)中药材质量管理部门负责中药材生产全过程的监督管理和质量监控，主要职责是：负责环境监测、卫生管理；负责生产资料、包装材料与中药材检验，并出具检验报告；负责制订培训计划，并监督实施；负责制定和管理质量文件，并对生产、包装、检验等各种原始记录进行管理。

(三)中药材 GAP 认证与管理

为了推进中药材 GAP 的顺利实施,国家食品药品监督管理局(State Food Drug Administration,SFDA)①已于 2003 年 9 月颁布了《中药材生产质量管理规范认证管理办法(试行)》和《中药材 GAP 认证检查评定标准(试行)》,并于 2003 年 11 月 1 日起正式受理中药材 GAP 的认证申请,具体工作由国家食品药品监督管理局药品认证管理中心承担。

1.认证申请

申请中药材 GAP 认证的中药材生产企业,其申报的品种至少应完成 3 个生产周期,需填写《中药材 GAP 认证申请表》,并向所在省、自治区、直辖市食品药品监督管理局(药品监督管理局)提交以下资料:①《营业执照》(复印件);②申报品种的种植(养殖)历史和规模、产地生态环境、品种来源与鉴定、种质来源、野生资源分布情况和中药材动植物生长习性资料、良种繁育情况、适宜采收时间(采收年限、采收期)与确定依据、病虫害综合防治情况、中药材质量控制与评价情况等;③中药材生产企业概况,包括组织形式并附组织机构图(注明各部门名称及职责)、运营机制、人员结构,企业负责人、生产和质量部门负责人背景资料(包括专业、学历和经历),人员培训情况等;④种植(养殖)流程图与关键技术控制点、区城布置图(标明规模、产量、范围)、地点选择依据与标准;⑤产地生态环境检测报告(包括土壤、灌溉水、大气环境)、品种来源鉴定报告、法定与企业内控质量标准(包括质量标准依据及起草说明)、取样方法与质量检测报告书,历年来质量控制与检测情况;⑥中药材生产管理、质量管理文件目录,企业实施中药材 GAP 自查情况总结资料。

2.初审

省、自治区、直辖市食品药品监督管理局(药品监督管理局)自收到企业中药材 GAP 认证申报资料之日起 40 个工作日内提出初审意见,符合规定的,将初审意见与认证资料转报国家食品药品监督管理局。

国家食品药品监督管理局组织对初审合格的中药材 GAP 认证资料进行形式审查,必要时可请专家论证,审查工作时限为 5 个工作日(若需组织专家论证,可延长至 30 个工作日),符合要求的予以受理并转局认证管理中心。局认证管理中心在收到申请资料后 30 个工作日内提出技术审查意见,制订现场检查方案。内容包括日程安排、检查项目、需核实的问题、检查组成员与分工等。现场检查时间一般为 3～5 天,

---

① 2013 年 3 月 22 日,SFDA 改名为“国家食品药品监督管理总局”(China Food and Drug Administration,CFDA),2018 年 3 月 13 日组建国家市场监督管理总局,不再保留 CFDA。

安排在该品种的采收期，必要时可适当延长。

3.现场检查

检查组成员的选派遵循本行政区域内回避原则，一般由3～5名检查员组成，可临时聘任有关专家担任。省、自治区、直辖市食品药品监督管理局（药品监督管理局）可选派1名负责中药材生产监督管理的人员作为观察员，联络、协调检查有关事宜。

现场检查首次会议确认检查品种，落实检查日程，宣布检查纪律和注意事项，确定企业的检查陪同人员。检查陪同人员必须是企业负责人或中药材生产、质量管理部门负责人，熟悉中药材生产全过程，并能够解答检查组提出的有关问题。

检查组必须严格按照预定的现场检查方案对企业实施中药材GAP的情况进行检查。检查项目共180项，包括关键项目38项和一般项目142项。其中，涉及植物类药材的检查项目156项，关键项目32项，一般项目124项。对发现的缺陷项目如实记录，必要时应予取证。

现场检查结束后，由组长组织检查组讨论做出综合评定意见，形成书面报告，报告须检查组全体人员签字，并附缺陷项目、检查员记录、有异议问题的意见与相关证据资料。综合评定期间，被检查企业人员应予回避。

现场检查末次会议现场宣布综合评定意见，被检查企业可安排有关人员参加，如对评定意见与检查发现的缺陷项目有不同意见，可做适当解释、说明，检查组对企业提出的合理意见应予采纳。

检查中发现的缺陷项目与不能达成共识的问题，检查组须做好记录，经检查组全体人员和被检查企业负责人签字，双方各执一份。

现场检查报告、缺陷项目表、每个检查员现场检查记录和原始评价及相关资料，应在检查工作结束后5个工作日内报送国家局认证管理中心。

4.审查与发证

国家局认证管理中心在收到现场检查报告后20个工作日内进行技术审核，符合规定的，报国家食品药品监督管理局审批。符合中药材GAP认证标准的，颁发《中药材GAP证书》并予以公告；不符合的不予通过中药材GAP认证，由国家局认证管理中心向被检查企业发认证不合格通知书。

《中药材GAP证书》由国家食品药品监督管理局统一印制，载明证书编号、企业名称、法定代表人、企业负责人、注册地址、种植（养殖）区域（地点）、认证品种、种植（养殖）规模、发证机关、发证日期、有效期限等项目。《中药材GAP证书》有效期一般为5年。生产企业应在《中药材GAP证书》有效期满前6个月按认证管理办法的规定，重新申请中药材GAP认证。

5.管理与跟踪检查

在《中药材 GAP 证书》有效期内，省、自治区、直辖市食品药品监督管理局(药品监督管理局)负责每年对企业跟踪检查一次，检查情况应及时报国家食品药品监督管理局。取得《中药材 GAP 证书》的企业，如发生重大质量问题或者未按照中药材 GAP 组织生产的，国家食品药品监督管理局将予以警告，并责令改正；情节严重者，吊销其《中药材 GAP 证书》。如发现申报过程中采取弄虚作假骗取证书的，或以非认证企业生产的中药材冒充认证企业生产的中药材销售和使用等严重问题的，一经核实，吊销其《中药材 GAP 证书》。

中药材生产企业《中药材 GAP 证书》登记事项发生变更的，应在变更之日起 30 日内，向国家食品药品监督管理局申请办理变更手续，国家食品药品监督管理局应在 15 个工作日内做出相应变更。终止生产中药材或者关闭的，由国家食品药品监督管理局收回《中药材 GAP 证书》。

第二节　栽培技术

一些现代农业技术不断被引进到药用植物栽培领域，有力地促进了中药材生产发展。

一、无公害栽培技术

(一)无公害中药材的概念

药用植物无公害栽培，目的是通过栽培手段调节药用植物与产地环境之间的关系，生产无公害的优质中药材。无公害中药材是指产地环境、生产过程和中药材质量符合国家有关标准和规范要求，并经有资格的认证机构认证合格、获得认证证书的未加工或初加工的中药材产品。

在药用植物生产过程中，农药、重金属残留等外源性有害物质污染，已经成为中药走向世界的必须解决的重要问题之一。在中药材生产和流通过程中，外源性有害物质污染的来源与环节主要有：①药用植物生长环境的污染，包括土壤、地质背景和水源有害重金属、农药残留、放射性物质及有害气体污染等；②药用植物栽培和中药材仓储过程中的农药和驱虫剂的残留；③中药材加工炮制过程中辅料的污染；④中药材包装材料的有害物质污染等。因此，为达到中药材生产的优质、高效和无公害化、绿色化，应从生产基地布局、生产技术实施等各个环节对可能产生的有害物质污染加以防范和控制。特别是在栽培过程中，药用植物经常遭受各种病虫危害，目前主要依靠化学农药进行防治，从而造成农药残留和环境污染。研究并实施以生物防治为主的无公害优质中药材栽培技术，开发植物性农药，采用基因工程技术和新的育种技术培育抗病虫优良品种，将是无公害中药材生产、研究与开发的重要内容。

（二）无公害中药材产品法规的形成和发展

随着人类回归大自然意识的提高，传统草药治病在世界上重新受到了重视，但在生产和质量控制方面，各国目前尚无统一完整的标准体系，均处在研究和完善过程中。药用植物种类多，栽培生产规模小，生产者缺乏按照质量标准要求进行生产的主动性，随意性强；市场流通中，大多数中药材散装上市，既无包装，也无标识，更无商标，一旦出现用药安全问题，很难追溯源头追究生产者和经营者的责任；管理方面，涉及中药材用药安全的法规内容不完整，执法主体不明确，更缺少对中药材安全监管方面的法规。

美国食品药品监督管理局（Food and Drug Administration，FDA）为了对天然药物生产制剂和原料进行控制，特别强调原产地的概念。1988 年，欧共体出台了芳香和天然植物药材生产管理规范草案，从天然药物生产的源头抓起，以保证植物药材质量的稳定。为保证常用生药的质量和种苗的稳定供应，自 20 世纪 80 年代开始，由日本特色农产品作物协会对常用的药用植物如蛔蒿、当归、乌头、地黄等进行种苗特性调查，同时对三岛柴胡、芍药、番红花等进行产地生态调查。1988 年开始进行了以提高药用植物栽培品种质量为目的的“药用植物栽培与品质评价指标的制定”课题。目前已经公布了黄连、地黄、大黄、当归、三岛柴胡、桔梗、红花、决明子、钩藤、荆芥、芍药、番红花、苍术、白术、人参，牡丹皮等 25 种药用植物的栽培与品质评价指标。自 1992 年开始，日本各国立、公立大学联合进行了“汉药资源的品质评价与优良品种的开发研究”，研究成果不断应用于药用植物栽培实际。同年，日本厚生省药物局编撰了《药用植物栽培和品质评价》，被视为日本官方关于各种植物药材生产的指导性原则，相当于药用植物 GAP 中的操作规程。

面对世界各国对天然药物质量的要求和中药走向世界的迫切需要，国家药品监督管理局颁布了我国《中药材生产质量管理规范》，它对中药材生产的基地选定、品种、栽培技术、采收与加工、质量标准等做出了相应规定，是现代中药材生产基地的评定依据；制定并颁布了《中药材生产质量管理规范认证管理办法（试行）》和《中药材 GAP 认证检查评定标准（试行）》，对中药材生产过程有关种植基地的土壤、空气、水等环境条件及采收加工和贮藏运输等都有了较为明确的要求。我国中药材 GAP 的实施是控制药用植物外源性有害物质的有效措施之一。

2000 年以来，我国其他相关部门还逐步制定和实施了有关农业无公害栽培的一些新法规、新制度，包括把一些剧毒、高毒、高残留农药退出种植业领域，实施农产品无公害生产等多项工作。例如，2000 年农业部（现为农业农村部）宣布停止甲胺磷、久效磷、甲基对硫磷、对硫磷、磷胺 5 种高毒有机磷农药新增登记；2001 年农业部实施《无公害农产品行动计划》；2002 年农业部又宣布停止甲拌磷、氧化乐果、甲基异硫磷、灭多威等 11 种高毒农药的新增登记，停止批准高毒农药分装登记，公布了国家明令禁止使用的农药品种清单与中药材种植不得使用和限制使用的农药品种清单等。

总之，规范中药材种植和加工技术是保证中药材质量的关键环节，减少农药残留和重金属等外源性有害物质污染是保证中药材安全性的重要条件，这些构成了药用植物无公害栽培的核心内容，同时培育无公害中药材也是实施中药材 GAP 的重要内容之一。随着无公害生产技术的引入，中药材生产将逐步向绿色中药材、有机中药材的方向发展。

（三）无公害栽培对生态环境的要求

中药材是中国医药学的宝贵遗产，其栽培地的环境质量比一般食品的质量更为重要。因此，加强对药用植物栽培基地的环境质量监测与所产中药材有害物质的检测，建立一套绿色中药材种植基地的环境质量和有害物质评价标准，是生产绿色中药材所必需的。我国的绿色食品生产已经建立了相关机构与产地环境质量评价体系，但国内仅有 GAP，也借鉴绿色食品的有关评价方法和体系进行。

（四）无公害栽培管理技术

（1）无公害中药材生产的施肥技术。①无公害中药材生产的施肥原则：以有机肥为主，辅以其他肥料；以多元复合肥为主，单元素肥料为辅；以施基肥为主，追肥为辅。②无公害中药材生产的具体施肥技术：施肥方式应以底肥为主，既有利于培育壮苗，又可通过减少追肥（氮肥为主）数量、减轻因追肥过迟而造成的污染；肥料选择应以有机肥为主，农家肥与人畜粪便应腐熟达到无害化标准，禁止施用未经处理的城市垃圾和污泥；实施配方施肥，即根据药用植物营养生理特点、吸肥规律、土壤供肥性能与肥料效应，确定有机肥、氮、磷、钾及微量元素肥料的适宜用量和比例，以及相应的施肥技术；应减少无机氮肥的施用量，尤其注意避免施用硝态氮肥，充分提高无机氨肥的有效利用率，减少环境污染。

（2）无公害中药材生产病虫害防治技术。生产无公害的绿色中药材应立足于药用植物自身抗性，提高栽培管理水平，注意调节植株体内营养。这样不仅能提高中药材的产量与质量，而且有助于提高其抵抗病虫的能力，减少化学农药的施用次数和数量。有些药用植物如人参、西洋参、忍冬、枸杞等病虫害发生频繁，过量施用农药不仅使农药残留超标，直接损害人体健康，而且也能降低中药材活性成分含量。因此，中药材生产中病虫害的防治应本着预防为主的指导思想和安全、有效、经济、简便的原则，采取综合防治策略，将病虫危害控制在经济阈值以下。

二、现代设施栽培技术

设施农业是指具有一定的设施条件，能在局部范围内改善或创造出适宜的气象环境条件，为动植物的生长发育提供良好的环境而进行有效生产的农业。设施栽培是设施农业的一个主要内容，保护地栽培和无土栽培是现代设施栽培技术的集中体现。随着农业设施的不断发展，设施栽培应用的领域越来越广。

(一)保护地栽培

保护地栽培就是在不适合植物生长发育的条件下，利用保护设施，人为创造一个适合植株生长发育的环境条件，是从事作物生产的一种栽培方式。简易设施、大棚、温室生产是药用植物保护地栽培的主要生产方式之一，尤其在北方地区，由于无霜期短，冬、春季寒冷，无法从事正常的种植，而大棚、温室等保护设施在人工控制条件下，使药用植物能够正常生长和发育，从而获得显著的经济效益。

1.简易设施

简易设施主要包括风障畦、冷床、温床、小拱棚等形式，其结构简单，容易搭建，具有一定的抗风和提高小范围内气温、土温的作用。

2.大棚

大棚是一种利用塑料薄膜或塑料透光板材覆盖的简易不加温的拱形塑料温室，具有建构简单、建造和拆装方便、一次性投资少、运营费用低等优点，因而在生产上应用越来越普遍。建大棚时应考虑的因素有：①通风好，但不能在风口上，以免被大风毁坏；②要有灌溉条件，地下水位较低，以利于及时排水和避免积水；③建棚地点应距离道路近些，便于日常管理和运输；④大棚框架可选用钢管结构、竹木结构或水泥材料，覆盖棚膜时应注意预留通风口，膜的下沿要留有余地，以便于上下膜之间压紧封牢。

3.温室

温室是一种比较完善的设施栽培形式，除了充分利用太阳光能，还可采用人为加温的方法提高温室内的温度，供冬、春季低温季节栽培。加温温室依覆盖材料的不同可分为玻璃温室和塑料温室。我国北方地区加温温室形式多样,在设施栽培育苗和冬季生产中发挥着重要作用。现代化温室是比较完善的保护地生产设施,利用这种生产设施可以人为创造、控制环境条件,在寒冷的冬季或炎热的夏季仍可进行药用植物生产。

(二)无土栽培

无土栽培是一种新型的栽培方式,它是不用自然土壤来栽培植物的一项农业高新技术,因其以人工创造的作物根系环境代替了自然土壤环境,可有效解决自然土壤栽培中难以解决的水分、空气、养分供应的矛盾,使作物根系处于最适宜的环境条件下,从而发挥作物的生长潜力,使植物生长量、生物量得到大幅度提高。利用无土栽培技术进行药用植物生产,可以为药用植物根系生长提供良好的水、肥、气、热等环境条件,避免土壤污染(生物污染和工业污染)。

无土栽培技术经过长期发展,形成了各种不同的形式。常用于药用植物生产的有以下几种形式:营养液培养(水培)技术、沙培技术、有机质培养技术等。水培一次性投资大,用电多,肥料费用较高,营养液的配制与管理要求有一定的专业知识;有机质培养相对投资较低,运行费用低,管理较为简单。

1.栽培基质

栽培基质既有无机基质、有机基质,又有人工合成基质,其中包括沙、石砾、珍珠岩、蛭石、岩棉、泥炭、锯木屑、稻壳、多孔陶粒、泡沫塑料等。总体而言,栽培基质的基本要求是通气又保湿。无土栽培基质容易引起病菌污染,要注意对其消毒。常用的消毒方法有:①蒸汽消毒。凡有条件的地方,可将待用的栽培基质装入消毒箱内消毒,生产面积较大时,可以堆垛消毒,垛高 20 cm 左右,长、宽根据具体需要而定,全部用防高温、防水篷布盖上,通入蒸汽,在 70～90 ℃条件下,消毒 1 h 即可。②化学药剂消毒。常用的药剂有福尔马林、氯化钴等。福尔马林(40%甲醛溶液)一般将原液稀释 50 倍,用喷壶将基质均匀喷湿,覆盖塑料薄膜,经 24～26 h 后揭膜,再风干两周后使用。氯化钴熏蒸时的适宜温度为 15～20 ℃,消毒前先把基质堆置成高 30 cm,长、宽根据具体条件而定。在基质上每隔 30 cm 打一个 10～15 cm 深的孔,每孔注入氯化钴 5 mL,随即将孔堵住。第一层打孔放药后,再在其上同样堆一层基质,打孔放药,总共 2～3 层。然后盖上塑料薄膜,熏蒸 7～10 天后,去掉塑料薄膜,晾 7～8 天后即可使用。③太阳能消毒。它是近年来在温室栽培中应用较为普遍的一种廉价、安全、简单、实用的土壤消毒方法,同样也可用来进行无土栽培基质的消毒。具体方法是:夏季高温季节,在温室或大棚中把基质堆成 20～25 cm 高,长、宽视具体情况而定,堆垛的同时喷湿基质,使含水量超过 80%,然后用塑料薄膜盖在基质堆上,密闭温室或大棚，曝晒 10～15 天，消毒效果良好。

2.营养液

营养液是无土栽培的核心部分，它是将含有各种植物必需营养元素的化合物溶解于水中而配制成的溶液。植株生长所必需的营养元素共有 16 种，其中碳、氢、氧、氮、磷、钾、钙、镁、硫为大量营养元素，铁、锰、铜、锌、硼、钼、氯为微量元素。除碳、氢、氧 3 种营养元素可以从水和空气中获得外，营养液配方中还必须含有另外 6 种大量元素和 7 种微量元素，即氮、磷、钾、钙、镁、硫、铁、锰、铜、锌、硼、钼和氯。至 2025 年，已研究出 200 余种营养液配方，其中以霍格兰（Hoagland）研究出的营养配方最为常用，以该配方为基础，稍加调整就可演变形成许多种类的营养液配方。

3.土壤培肥技术

农田土壤培肥是重要的养地环节，它是以维持和提高地力为中心，依据地力再生原理、农田养分动态平衡原理、施肥经济效益分析原理等为基础，在特定药用植物生产体系下建立起来的一整套农田培肥措施。

土壤肥力是指土壤能够同时且不断供应和协调药用植物生长发育所必需的水分、养分、空气、热量和其他生活条件的能力。土壤肥力可以分为两种：一种是在土壤形成过程中各种自然因素作用下产生的肥力，称为自然肥力；一种是在自然肥力基础上，在农业措施影响下产生的肥力，称为人工肥力。这些肥力在作物生产上反映出来的部分，称为有效肥力。有效肥力的高低体现了社会经济制度和科学技术发展的水平。

土壤肥力包括物理肥力、化学肥力和生物肥力 3 部分。3 种肥力相互联系、相互作用，共同构成土壤的肥力特征。①土壤的物理肥力：即土壤的物理性质，是指土壤固、气、液三相体系中所产生的各种物理现象和过程。它是土壤肥力的基础。土壤的基本物理性质包括土壤质地、孔隙、结构、水分、热量和空气状况等。各种性质和过程是相互联系、相互制约的，其中以土壤质地、土壤结构和土壤水分占据主导地位，它们的变化常常引起土壤其他物理性质和过程变化。土壤的物理性质和土壤的化学性质与土壤的生物活动密切相关，互有影响。土壤的物理性质除受自然成土因素影响外，人类的耕作活动（包括耕作、轮作、灌排和施肥等）也能使之发生深刻的变化。因此，可在一定条件下，通过农业措施、水利建设、化学方法等对不良土壤的物理性质进行改良、调节和控制。②土壤的化学肥力：即土壤的化学性质，是指土壤中的物质组成、组分之间和固液相之间的化学反应和化学过程，以及离子（或分子）在固相和液相界面上所发生的化学现象。土壤的化学性质包括土壤矿物和有机质的化学组成、土壤胶体、土壤溶液、土壤电荷特性、土壤吸附性能、土壤酸度、土壤缓冲性、土壤氧化还原特性等。土壤的化学性质和化学过程是影响土壤肥力水平的重要因素之一。除土壤酸度和氧化还原特性对植物生长产生直接影响外，土壤的化学性质主要是通过对土壤结构状况和养分状况的干预间接影响植株生长。土壤矿物的组成、有机质的数量和组成、土壤交换性阳离子的数量和组成等都对土壤质地、土壤结构、土壤水分状况和生物活性产生影响。进入土壤中污染物的转化及归宿也受土壤化学性质的制约。土壤的物理性质，如土壤质地、土壤结构和土壤水分状况对土壤胶体数量和性质、电荷特性、氧化还原程度和土壤溶液的组成有明显影响；土壤生物，尤其是土壤微生物可影响土壤有机质的积累、分解和更新以及腐殖质的形成。土壤的化学性质可以借助各种方法加以调节和改善，常用的农业措施包括有机肥料、客土、耕作、灌水或排水等；化学措施包括对酸性土壤施用石灰、对碱性土壤施用石膏等。③土壤的生物肥力：即土壤的生物特性，是土壤动植物和微生物活动所造成的一种生物化学和生物物理学特征。在土壤中，活的有机体可以分为土壤微生物和土壤动物两大类。前者包括细菌、放线菌、真菌和藻类等类群；后者主要为无脊椎动物，包括环节动物、节肢动物、软体动物、线形动物和原生动物。原生动物因个体很小，故也可被视为土壤微生物的一个类群。土壤生物除参与岩石的风化和原始土壤的生成外，对土壤的生长和发育、土壤肥力的形成和演变以及作物的营养供应状况均有重要作用。

土壤微生物在土壤中的作用是多方面的：它们是土壤的活跃组成成分；参与土壤有机物质的矿化和腐殖质化过程，同时通过同化作用合成糖类和其他复杂有机物质，影响土壤的结构和耕性；参与土壤中营养元素的循环，包括碳素循环、氮素循环和矿质元素循环，调节植物营养元素的有效性；某些微生物有固氮作用，可借助体内的固氮酶将空气中的游离氮转化为固定态氮化物；与植物根部营养关系密切。植物根际微生物以及与植物共生的微生物如根瘤菌、菌根和真菌能为作物直接提供氮素、磷素和其他矿质营养元素以及各种有机营养，如有机酸、氨基酸、维生素、生长激素等。

土壤酶是土壤中的生物催化剂，是一类具有加速土壤生化反应速率功能的蛋白物质。土壤中的一切生化过程，包括各类植物物质的水解、转化，腐殖质的合成与分解，以及某些无机物质的氧化与还原，都是在土壤酶的参与下进行和完成的。土壤酶在参与生化反应的过程中有很强的专一性，在反应前后自身不发生任何变化。不同的土壤酶类多以酶-有机质复合体存在，故具有共同的作用底物。

菌根是特定真菌菌丝与植物根联合组成的共生体。具有这种能力的真菌称为菌根真菌或菌根菌。菌根可以分为外生菌根和内生菌根两类，菌根中的菌根菌伸出根外的菌丝具有与植物根毛相似的吸收能力。由于其伸长的范围常常超过根毛，菌根实际上起到了扩大植物根对营养元素吸收面的作用，对于增加植物对在土壤中迁移缓慢的磷以及铜、锌等营养元素的吸收具有重要意义。

第三节　金线莲高效栽培技术应用实例

追求产量的金线莲大棚栽培技术和追求质量的林下仿生态栽培是两种重要的栽培方式。但金线莲大棚种植粗放，光、温、水、肥等条件难以精准控制，新技术应用不够，效益与品质无法保证，亟须创新集成从种苗供给到种植条件控制的设施（大棚）栽培高效生产技术体系，以提升金线莲种植效益与产品安全。林下仿生态种植存在管理松散、金线莲回收率低等问题。本节介绍集成了自主发明的多节间茎段一体化接种技术和“接种-大棚培养”一步培育法，优化了金线莲工厂化快繁育苗生产流程，缩短成苗时间。发明多层植物培养架用光源高度独立调节装置，合理控制光照强度和光照时间，提高光合作用效率，使金线莲组培苗的出苗时间缩短 1/3，茎粗壮度增加了1/4。同时，自主发明金线莲大棚，集成自主研发的包括智能浇灌、光调控、生长后期 CO_2 补给与逆境处理（短时紫外与盐处理）的系列新技术，实现了金线莲设施栽培的精细控制，提升成品干物质累积与活性成分（总黄酮）富集水平，建立金线莲企业技术标准，开展示范种植推广。林下仿生态种植是基于适生生境调查，选择海拔 600 m 左右、郁闭度值 70％的常绿阔叶林地，以 RF0703001 和 RF0703006 种子为主要种源，成功开展林下生态种植；改良金线莲栽培盆以及地栽成品金线莲采收、清洗和晾晒装置，辅之以防虫网、拱圆式小拱网棚等设施，有效提升播种、间苗、水肥管理和病虫防治等栽培环节工作效率，降低成品损伤率，生产效益比传统林下种植（组培苗＋粗放管理）提高 3 倍以上。结合有效成分监测，提高产品辨识度，明确 10 月龄左右、花亭 7 cm 为林下地栽成品采收标准。第三方检测表明，林下种植金线莲总黄酮、氨基酸指标达野生水平，农残未检测到。林下生态种植在产品品质、安全与生产效益上都得到有效保证。

一、设施栽培

大棚栽培是目前金线莲人工栽培的主要形式。大棚栽培多为密闭水帘控温大棚。密闭水帘控温大棚造价高，运行成本也高，但自动化与种植条件稳定性强，福建清流、永安等地多采用这种大棚。大棚栽培也可使用开放式大棚，但对选址有一定要求，多选择在自然与生态条件较好的山地，造价便宜，可粗放管理。构建开放大棚的仿生态种植设施，改造金线莲生态设施种植技术，为提高林下种植金线莲成活率提供技术保障。

(一)创新与改良设备

一种金线莲养殖棚(专利号:201721309741.3),如图4-1所示,包括覆盖有两层黑色塑料薄膜的棚架,两层黑色塑料薄膜间形成夹层,夹层内被抽真空或填充惰性气体,棚架顶部安装有照明灯带,照明灯带下方设有安装在棚架上的凸透镜,灯带位于凸透镜的焦点位置。本专利在棚架上安装的黑色塑料薄膜,使棚架内不能接受自然光照,完全由照明灯带提供光照,光照时间便于控制;利用凸透镜对光线折射的原理使照明灯带发出的光成为平行光,使金线莲光照均匀,从而使金线莲长势一致。

一种金线莲工厂化栽培架(专利号:201721309731.X),如图4-2所示,包括一个储液池、一个变频电机、两个支撑架、两根转轴、4个轴承A、4个齿轮、两副链条、若干个轴承B、若干个栽培槽,储液池中装有水培营养液,变频电机连接有开关,两个支撑架分别安装在储液池的左右两端,任一支撑架上具有一个上轴承座和一个下轴承座,上轴承座和下轴承座中均安装有轴承A,转轴的两端均套接一个轴承A和一个齿轮,链条安装在位于同一支撑架上的两个齿轮上,轴承B的外圈间隔均匀地焊接在链条的外周,栽培槽的两端各设有一个圆柱体,圆柱体转动安装在轴承B中,变频电机通过联轴器与位于下轴承座处的转轴连接,变频电机底部安装在与支撑架外侧固接的电机架上。本专利由于采用立体化的设计理念,提高了单位占地面积上的栽培面积,实现了占地面积小的目的;采用水培的方式,能够对水培营养液中的成分和各成分的含量进行精确控制,利用变频电机可以根据需要改变变频电机转速即控制金线莲与水平营养液接触的时间和时间间隔,便于金线莲栽培的管理。

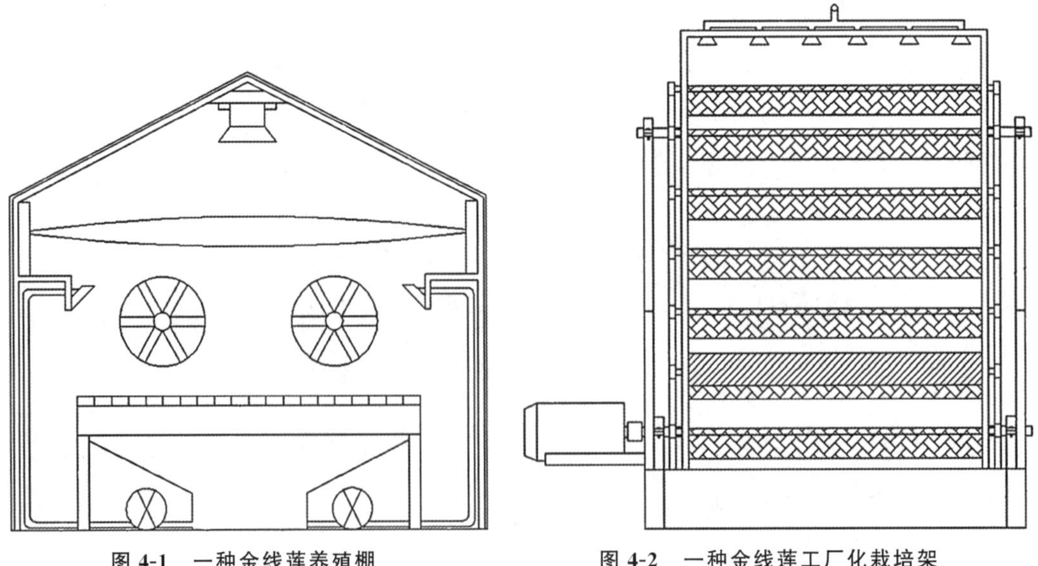

图4-1　一种金线莲养殖棚　　图4-2　一种金线莲工厂化栽培架

(二)开展工厂化生产

基于遗传算法设计植物培养架光源独立调节装置(图 4-3),控制植物培养架灯光的明暗,使得三角 LED 光源阵列照度分布与照度轮廓更均匀(图 4-4),合理控制光照强度和光照时间,提高光合作用效率,达到高效合理利用光源的目的。企业使用多层植物培养架用光源高度独立调节装置,使金线莲组培苗的出苗时间缩短 1/3,茎粗壮度增加了 1/4(图 4-5 和图 4-6)。

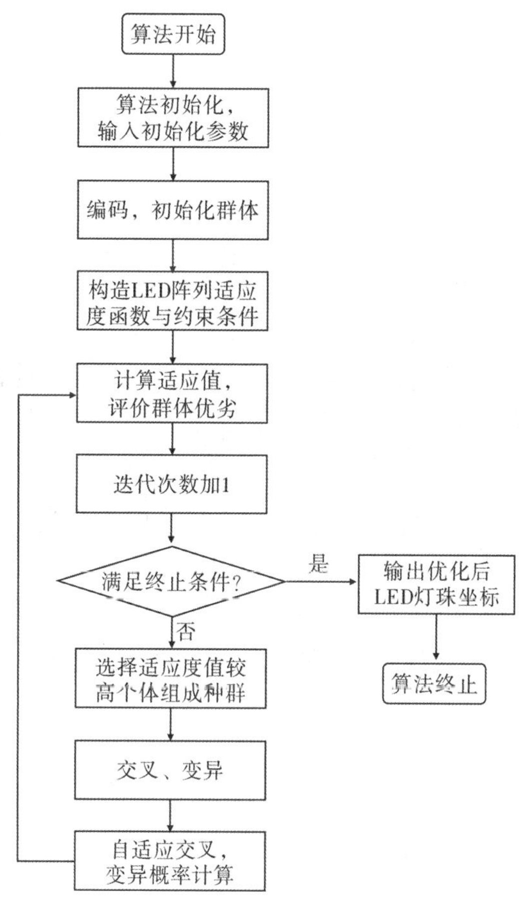

图 4-3　植物培养架光源独立调节装置遗传算法流程

(三)集成设施栽培

一种金线莲大棚土壤种植方法(专利号:201210334732.5),包括如下步骤:

(1)大棚建设:①搭建竹大棚。②盖薄膜、盖遮阳网、洒生石灰粉和铺设防草布:首先将竹大棚内部从地面起至竹大棚顶部盖上薄膜;其次选择遮光率为 80%~95% 的遮阳网,盖在竹大棚外部;随后在竹大棚内部地面及四周洒生石灰粉;洒生石灰粉

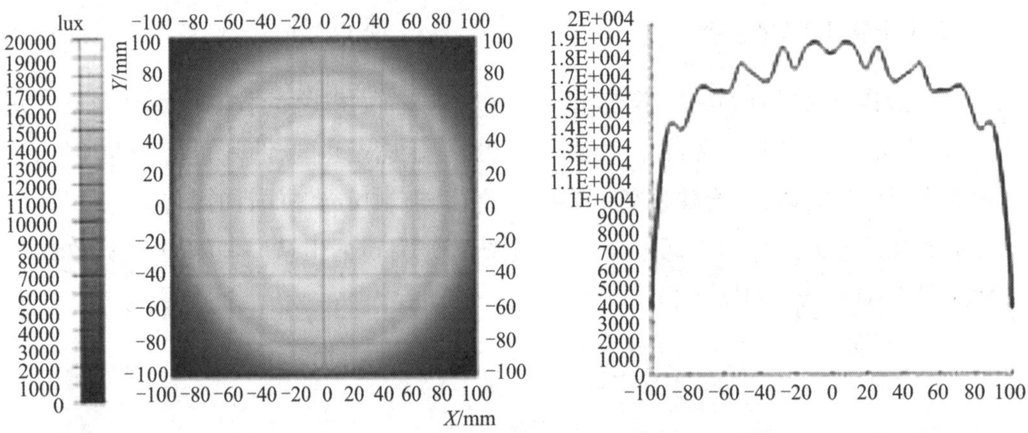

图 4-4　三角 LED 光源阵列照度分布与照度轮廓

图 4-5　光源调节装置应用于金线莲育苗

1～5 天后，在竹大棚内部地面铺上一层防草布。③安装喷灌设施。

(2)种植准备：①种植基质的准备：用泥炭土作为种植基质，烈日下暴晒 1～10 天；将暴晒后的泥炭土装在标准种植盘上，泥炭土厚度为 3～8 cm。②金线莲种苗的准备：把金线莲种苗放入 50%多菌灵可湿性粉剂 800 倍液浸泡 10～50 s，即可种植。

(3)栽种：①种植：按株距 3～7 cm、行距 3～7 cm 的标准种植，填土压实。②种

(a)新技术优化集成前

(b)新技术优化集成后

图 4-6　新技术优化集成前后金线莲生长比较

植完成后，雾化喷头浇透。

（4）田间管理：①温度的控制：金线莲在 15～30 ℃内正常生长，当温度超过 28 ℃，通过喷灌设施洒水降温（图 4-7）。②湿度的控制：金线莲生长空气湿度为 65%～80%。③光度的控制：金线莲光度为 2000～3500 lux。本专利提出的金线莲大棚土壤种植方法还可集成大棚监控系统（图 4-8 和图 4-9），具有安全性好、品质高和对人体无害的优点，既适合家庭为单位小规模生产，也适合大规模工业化生产。

图 4-7　种植大棚雾化系统与效果

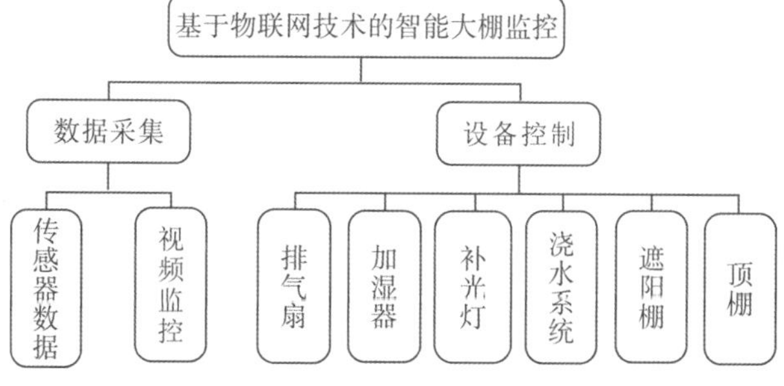

图 4-8　大棚监控系统构架

图 4-9　设施栽培提高金线莲产量

(四)确立采收标准

金线莲中含有丰富的多糖,采用微波辅助提取法、超声波辅助提取法、醇沉法、苯酚-硫酸法可测定金线莲中的多糖成分,通过对不同金线莲多糖提取工艺的研究,用最优工艺来测定金线莲不同生长期内多糖的含量变化,为今后金线莲的开发和利用提供实验基础和科学依据。

用同一样品分别以 3 种方法的最佳工艺进行 3 次重复实验,金线莲多糖提取率见表 4-1。结果表明使用微波辅助乙醇提取法提取的金线莲多糖含量明显优于水溶剂提取法提取的金线莲多糖含量,是其 6 倍左右;而其余 2 种方法,虽然提取率相近,但就提取时间和实验的方便性而言,微波乙醇辅助提取法明显优于超声波辅助提取法。所以,金线莲生长期内多糖含量的动态变化的实验选用微波乙醇辅助提取法最优工艺提取及测定。

表 4-1　多糖含量对比实验结果

提取方法	总多糖提取率/%			
	第一次	第二次	第三次	平均值
水溶剂提取法	4.27	4.53	4.34	4.38
微波辅助提取法	24.25	24.20	24.21	24.23
超声波辅助提取法	24.05	24.11	24.07	24.09

测定金线莲生长期在 0～6 个月内的多糖提取液的多糖含量,所得结果见表 4-2。

表 4-2 金线莲生长期内多糖含量变化

生长期	0个月	1个月	2个月	3个月	4个月	5个月	6个月
多糖质量分数/%	31.1	33.5	39.2	41.5	37.1	34.4	32.7

由表4-2可知,随着金线莲种植时间的延长,金线莲中多糖含量是呈先逐渐增加后逐渐减少的趋势,当种植3个月时,多糖含量最高,达到41.5%,说明种植是有利于金线莲中多糖成分积累的,但时间超过3个月,会略微呈梯度下降。

金线莲用同一样品分别以3种方法的最佳工艺进行3次重复实验,总黄酮提取率见表4-3。结果表明,使用微波辅助提取法提取金线莲总黄酮含量略低于索式提取法,而高于超声波辅助提取法。对比其余两种方法,在实验时间和实验程序的复杂性方面,微波乙醇辅助提取法明显优于其他。所以,金线莲生长期内总黄酮含量的动态变化的实验选用微波乙醇辅助提取法最优工艺提取与测定。

表 4-3 总黄酮含量对比实验结果

提取方法	总黄酮提取率/%			
	第一次	第二次	第三次	平均值
索式提取法	0.049	0.050	0.051	0.050
微波辅助提取法	0.049	0.047	0.048	0.048
超声波辅助提取法	0.039	0.040	0.040	0.040

将组培来源金线莲生长期在0～6个月内的总黄酮提取液进行测定,所得结果见表4-4。

表 4-4 金线莲生长期内总黄酮含量变化

生长期	0个月	1个月	2个月	3个月	4个月	5个月	6个月
总黄酮质量分数/%	1.476	1.612	1.828	2.442	2.768	2.022	1.517

由表4-4可知,随着金线莲种植时间的延长,金线莲中总黄酮含量的变化趋势是先逐渐增加又逐渐减少,当种植4个月时,总黄酮含量达到了最高峰,为2.768%。因此,在大量生产过程中,可选择金线莲种植时间为4个月作为采摘、进行成品烘干的依据。

二、金线莲林下种植

(一)适生环境筛选

种植地点选择和处理是关键步骤。基于适生生境调查,选择海拔 600 m 左右、郁闭度值 70%,一般是背阳日照少的地方,比如山谷,特别是山涧水沟的两边;森林茂盛,树下杂草稀少,地面有腐蚀土层覆盖。在热带或亚热带地区,选择海拔 300~1000 m 的天然阔叶林地、竹林地、常绿落叶混交林地,林地周边有充足、全年不间断的天然水源,远离污染源,水为微酸性至中性,水质无污染,通风良好区域。说明:金线莲喜阴不喜阳,不宜阳光直射;温度不宜高于 28 ℃。图 4-10 所示为金线莲生态栽培基地。

图 4-10 林下栽培金线莲生长环境选择

(二)改进栽培设备

改良金线莲栽培盆(专利号:201721309887.8)包括底部具有漏水孔的外盆体、内网篮,内网篮套在外盆体中,外盆体的盆口处具有向四周伸出的第一翻边,内网篮的篮口处具有向四周伸出的第二翻边,第二翻边位于第一翻边上方。本专利将金线莲种植在套设于外盆体内的内网篮中,在采收时将内网篮从外盆体中取出直接用水清洗掉金线莲根部的种植土,避免损伤金线莲,保持金线莲的完整性(图 4-11)。

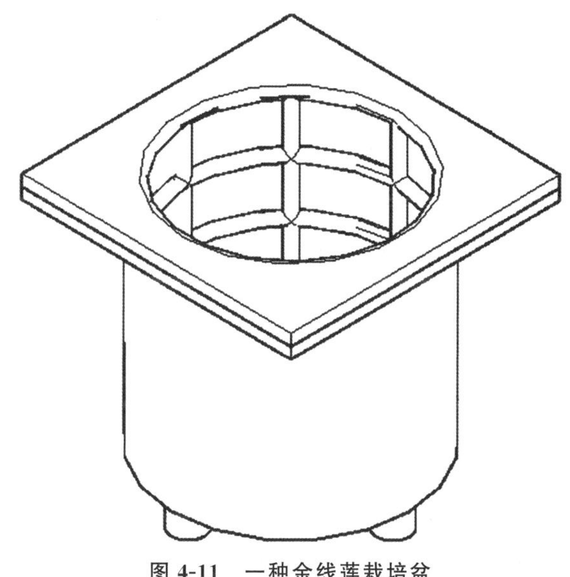

图 4-11　一种金线莲栽培盆

改良地栽成品金线莲采收装置(专利号:201721309889.7)从上向下依次包括一个手持环、一个拉手、一个空心杆、一根钢丝绳 A、一个复位弹簧、一对定滑轮 A、两根钢丝绳 B、一个连接盘、一个铰接件、一对采收爪、两根钢丝绳 C、一对定滑轮 B,手持环固接在空心杆的顶端,空心杆中具有相连通的通孔 A 和通孔 B,通孔 A 的直径小于通孔 B 的直径,钢丝绳 A 位于通孔 A 中,钢丝绳 A 的上端系在拉手上,钢丝绳 A 的下端系在连接盘上,复位弹簧和连接盘位于通孔 B 中,复位弹簧的一端抵接在空心杆上,复位弹簧的另一端抵接在连接盘的上端,通孔 B 的两侧分别开一个安装孔,安装孔中安装有定滑轮 A,钢丝绳 B 绕过定滑轮 A,钢丝绳 B 的一端系在连接盘上,钢丝绳 B 的另一端系在采收爪上端,铰接件固设在空心杆下部外侧,采收爪转动安装在铰接件上,定滑轮 B 有两个且分别安装在空心杆底端的通孔 B 两侧,钢丝绳 C 绕过定滑轮 B,钢丝绳 C 的一端系在连接盘上,钢丝绳 C 的另一端系在采收爪的内侧壁上。本专利采收人员发现金线莲时将采收爪插在金线莲的四周土壤中,向上拉动拉手从而使一对采收爪将金线莲连同根部的土壤一同抓起,将采收爪向上提起抖落土壤，获得金线莲；采收人员能够保持站立姿势或行走状态完成金线莲的野外采收工作，不需要蹲下或将上身弯曲便可采摘金线莲，降低了采收人员的劳动强度（图 4-12）。

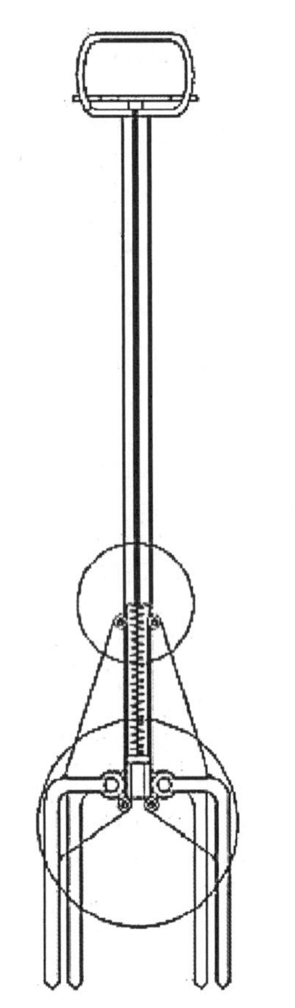

图 4-12　一种金线莲采收器

改良金线莲清洗装置（专利号：201721309806.4），如图 4-13 所示，包括一个浸泡池、一个变频电机、4 个支撑架、4 根转轴、8 个齿轮、两副链条、若干个载物篮、喷淋机构，浸泡池中装有浸泡液，支撑架两两一组分别安装在浸泡池的左右两端，支撑架上设有一个上轴承座和一个下轴承座，上轴承座和下轴承座中均安装有轴承 A，转轴的两头套接在轴承 A 的内圈中，齿轮键接在转轴的两头且位于两个轴承 A 的内侧，链条安装在位于浸泡池同一端的齿轮上，链条外周焊接有轴承 B，载物篮的左右两端分别具有一个转接柱，转接柱转动安装在轴承 B 中，变频电机通过联轴器与其中一个转轴的右端连接，喷淋机构安装在浸泡池的后端，位于浸泡池同一侧的两个支撑架间设有水平连杆，水平连杆上安装一个滑槽。本专利涉及一种金线莲清洗装置，利用变频电机驱动转轴转动从而在齿轮的传动下带动链条转动，将盛装在载物篮中的金线莲先经过浸泡池中浸泡液的浸泡，然后经喷淋机构用水喷淋，在到达滑槽上方时将载物篮翻转使载物篮中的金线莲倒入滑槽中进行收集。该装置能够机械化清洗金线莲，工人只需完成上料、卸料和操控机械运转即可，降低了工人的劳动强度。

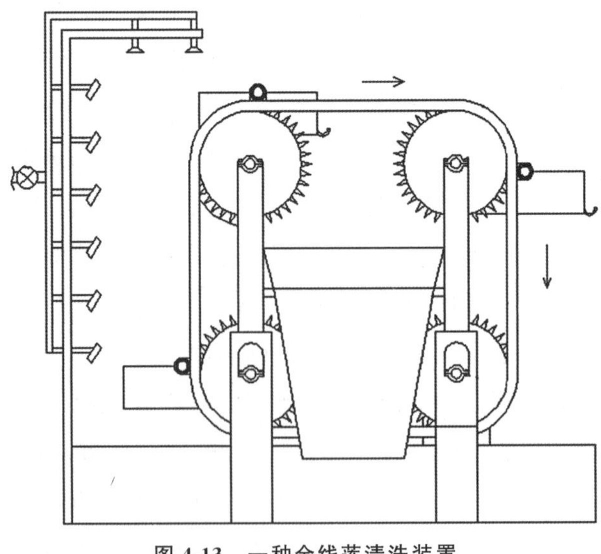

图 4-13　一种金线莲清洗装置

改良金线莲晾晒装置(专利号:201721309810.0)如图4-14所示,包括4根支腿、若干根横档A、若干根横档B、两个长方形的框体、若干个载物架,四根支腿连接支撑在两个框体之间,横档A的两端分别连接在相邻的两根支腿的相对侧,横档B的两端分别连接在另外两根相邻的支腿的相对侧,横档A的上端设有两个圆环,横档B的上端设有卡槽,载物架包括两根夹持棍、4根托棍、两个连接块、一个手持部,4根托棍两两一组通过连接块与夹持棍连接形成V形槽结构,夹持棍的尾端和托棍的尾端固接在手持部的前端,夹持棍的前端具有可插接在圆环中的插接部,连接块位于托棍的前端,手持部的底端固接有与卡槽相匹配的卡块。本专利V形槽结构的载物架通过两根夹持棍将金线莲茎部夹持住,两两一组的托棍对金线莲的叶子形成支撑,金线莲在自身的重力和载物架的支持力作用下保持直立的状态,使晾晒的干形品金线莲外形美观。

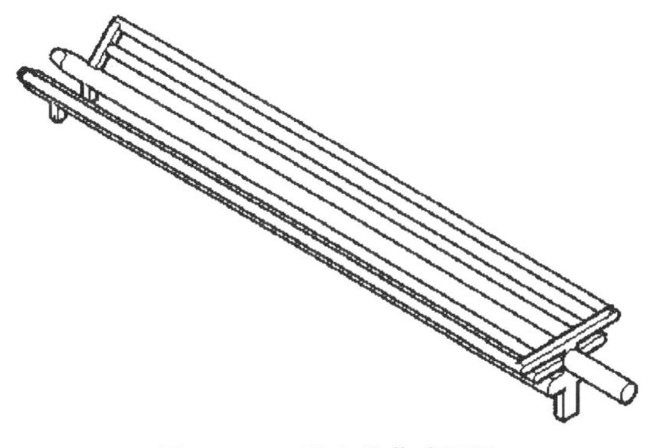

图4-14　一种金线莲晾晒架

(三)开展林下栽培

开创性地使用金线莲种子扩繁金线莲技术,以湿润的环境使RF0703001和RF0703006种子萌发后,移至培养基中生长,待金线莲实生苗长至2 cm左右移栽,并合理控制水、温度、湿度、光照等植物生长必要的环境因素,建立金线莲实生苗种植关键技术体系,扩充了野生金线莲繁殖方式,满足市场对金线莲原生态、高品质的要求。

本种植方法是一种通过壮苗控湿进行林下仿生态种植的方法。本方法通过对金线莲自然生长规律的分析,针对每个生长环节的特点制定科学的管理方法,使金线莲在天然森林仿生态状态下健康成长。

栽培过程辅之以防虫网、拱圆式小拱网棚等设施,成功开展林下生态种植。有效提升播种、间苗、水肥管理和病虫防治等栽培环节工作效率,降低成品损伤率,生产效益比传统林下种植(组培苗+粗放管理)提高3倍以上(图4-15)。具体步骤如下:

图 4-15　以 RF0703001 和 RF0703006 株系为种源开展林下栽培

(1)畦垄的整理:因地制宜,整理成畦。畦垄的宽度以 0.8～1.0 m 为宜。把腐蚀土层先收集起来堆放,再挖松泥土,整理成畦后,上面再用收集起来的腐蚀土覆盖,最后施用枯草芽孢杆菌。说明:林下腐蚀土疏松透气,营养丰富,适宜金线莲生长;枯草芽孢杆菌起到防菌杀菌的作用,也是天然的益生菌肥。

(2)沟渠的挖掘:在畦垄的四周挖排水沟,水沟深度以 30 cm 以上为宜,水沟底宽以 20 cm 以上为宜,保证下大雨时排水通畅。

(3)遮阳遮雨设施的搭建:分 3 层,上层用遮光率 90%的遮阳网,作用是遮阳和遮物,在遮阳的同时又挡住了掉下来的树叶树枝,起到遮物的作用。第二层用塑料薄膜,作用是遮挡雨水。这两层之间间隔 0.5～0.8 m 为宜。薄膜下面的一层是遮光率 70%的遮阳网,这层遮阳网的作用是调节光照强度。在夏季,阳光照射强烈,温度高时使用;在冬季,阳光弱、温度低时不使用。下层的遮阳网距离地面至少 2 m,高度以不妨碍劳动作业为标准。其他搭建材料可以因地制宜,就地取材,可以绑在树上,也可以竖立钢管之类。

(4)把合格的金线莲种苗,小心地移栽到整理好的林下畦垄中,间距 5 cm 左右,栽种时宜浅不宜深,地下部分 2～3 cm 为宜。

(5)封闭养护:刚种好的金线莲,需要半个月的封闭保护期。具体做法是:在种植完成的金线莲畦垄上,用长度 1.5～1.8 m 的 2 号铁线弯成半月状,两头插在畦垄的两侧,上面用薄膜覆盖,在覆盖好薄膜之前,把温湿度计放在适合观察的地方,然后用泥土或石头或木材把薄膜压实,只在畦垄前后两端各留一个灵活的观察孔和透气孔。说明:覆盖薄膜的作用是保持一定的湿度,以便金线莲生根成活。

结合有效成分监测,提高产品辨识度,明确 10 月龄左右、花亭 7 cm 为林下地栽成品采收标准(图 4-16)。第三方检测表明,林下种植金线莲总黄酮、氨基酸指标达野生水平,农残未检测到(表 4-5)。林下生态种植在产品品质、安全与生产效益上都得到有效保证。

图 4-16　林下生态栽培金线莲采收

表 4-5　不同来源金线莲总氨基酸、总黄酮含量和农药残留比较分析

成分	含量		
总黄酮	280 mg/100 g	300 mg/100 g	300 mg/100 g
总氨基酸	580 mg/100 g	1130 mg/100 g	1600 mg/100 g
农药残留	—	—	—

三、生态种植及标准

福建金线莲为兰科开唇兰属珍稀药用植物,全草入药,具有清热凉血、祛湿解毒之功效,用于治疗肺结核咯血、糖尿病等,其经济、药用价值越来越受到人们的重视。近年来,因金线莲受到种子发芽率低、对生境要求严格、鸟兽喜食、易感病虫害和人为盲目采挖等因素的影响,金线莲野生资源日益匮乏。目前国内的金线莲组织培养技术日趋完善,可通过原球茎培养或丛生芽培养的方法实现快速繁殖,之后将组培苗移栽至设施大棚或林下进行人工栽培。人工栽培金线莲存在品质参差不齐、农残超标等一系列问题。在此背景下,笔者提出了金线莲仿野生栽培概念,即模仿野生金线莲分布的原生环境或相似的天然环境,将金线莲直接种植于土壤中,人工创造适宜于金线莲生长的环境湿度和土壤质地，培育和繁殖金线莲，区别于林下采用木箱、竹篮和泡沫箱等进行的金线莲栽培方法。福建省是全国最大的金线莲产区，其产业规模逐步扩大，已成为福建省特色中药材产业之一。为确保金线莲产业的可持续发展，指导中药材种植企业和广大药农生产出“优质、稳定、均一、可控”具有福建道地特色的金线莲药材，制定金线莲林下仿野生栽培技术规范势在必行。现将福建金线莲林下仿野生栽培技术总结如下。

(一)基地选择

基地选择尽可能满足以下条件：选择常绿阔叶林林下坡地栽培，以北向缓坡、海拔 200～800 m 为宜；空气相对湿度高，自然水源较丰富或可以引水灌溉的地方；年平均气温在 20 ℃以上；土壤 pH 值 5.5～6.5、有机质含量高、疏松、排水透气性好的森林腐殖土或经风化的红壤土；森林郁闭度为 60%～80%，光照强度为 2500～5000 lux。

(二)栽培地规划

(1)小区划分：小区是指种植金线莲的地块，根据林下条件进行分块，顺坡顺势。丘陵山地建园，区块大小要依地势而定，园地外围应挖竹节沟，以利节水、排水。小区划分要便于生产管理，有利于水土保持。

(2)道路设计：栽培地要根据小区树木及自然植被的情况，合理开设便道，林间操作道宽度 1 m 左右。

(3)排水系统：根据小区划分，开设排水沟，沟深 20～25 cm，以利排水。

(4)喷淋设施：在种植园的不同小区要修建蓄水池，便于小区喷淋。

(三)整地

(1)整畦：在林下沿等高线顺坡顺势整畦，浅翻 8～10 cm，剔除畦内树枝、树根，精细整地做畦，畦宽 1.0～1.2 m，畦高 8～10 cm，畦面呈稍微倾斜状，以免积水。

(2)施专用基质：利用木腐菌棒作为栽培基质，晒干、碾碎，与 250 倍的 SODm 水溶液混合均匀，盖膜堆沤 15 天后施用。施用时，在地块表面均匀撒上一层基质，再用钉齿耙将地块整平。种植时须及时浇水，保持土壤湿度 55%～60%。

(四)定植

(1)定植时间：生产上通常一年种植两季，分春季定植和秋季定植，春季 3—5 月移栽定植，秋季 8—10 月移栽定植。

(2)种苗：应选用种源清楚的优质苗和合格苗。种苗质量分级应符合标准，优质苗应根系正常，主根粗壮，根条数 2～3 条，根长≥1 cm；叶片舒展、色泽正常，宽度≥2 cm 的叶片数 3～5 片；株高≥5 cm；茎粗≥0.3 cm；不带病虫害。合格苗应根系正常，主根粗壮，根条数 1～2 条，根长 0.5～1.0 cm；叶片舒展，色泽正常，宽度≥1.5 cm 的叶片数 2～3 片；株高≥4 cm；茎粗≥0.2 cm；不带病虫害。

(3)种苗前处理：用净水洗苗，尽量避免伤苗，剔除腐茎、烂叶及病苗，用水洗净根部培养基残留后对种苗进行消毒即可。金线莲种苗前处理应符合"一洗二清三浸四冷五装"的操作流程。

(4)预处理：测定环境温度，一般在开始洗苗的前 5 天打开瓶盖；若温度≥25 ℃，则在洗苗前 3 天打开瓶盖。一洗：清洗组培苗上残留的培养基，并及时更换清水池中的水。二清：将第一次清洗的组培苗整齐地放入苗筐中进行二次漂洗，再用流动的水喷淋 60～120 s 后稍晾干。三浸：将洗干净的组培苗放入恶霉灵与世高复配药液中浸泡 2 min 后稍晾干，直至筐中无液滴，每 25 kg 药液可消毒 5 万株左右的种苗。四冷：将消毒后的组培苗置于冷柜中(3～5 ℃)冷处理 2～4 h。五装：将经过冷处理的组培苗用干净的一次性纸箱装苗，若用可多次使用的泡沫箱装苗，则装苗前需用消毒液对箱子内外进行喷雾消毒。装苗箱高度控制在 40 cm 以下，每 10 cm 用干净的报纸隔离。雨季，金线莲种植园应以排水为主，防止地面积水。夏季晴天每 2 天于傍晚后喷淋；春、秋季每 7～10 天于傍晚后喷淋；旱季和高温季节，可根据土壤干旱程度适当增加喷淋次数，保持土壤相对含水量为 60%～80%。夏季每天上午 9:00 前喷淋，冬季或早春应在午后气温较高时进行喷淋。

(5)定植方法：种植前 1 天须浇水，保持土壤湿度 55%～60%，阴干待用。单株种植，株行距(3～5)cm×(3～5)cm。将经过消毒的金线莲种苗植入土壤中，入土深 1.5～2.0 cm，浇足定根水 。

(五)移栽定植后管理

(1)水分管理。金线莲喜湿怕涝，移栽后的水分管理是确保其成活和健康生长的关键环节，需遵循"湿润但不积水"的原则。移栽初期，立即浇透定根水，使根系与土壤紧密接触。此后保持基质湿润(湿度 70%～80%)，但避免积水烂根。每天早晚向叶面及周围喷雾增湿，但避免水滴长时间滞留于叶片引发病害。同时配合遮阴(60%～70%遮光率)，减少水分蒸发。生长期因季节不同浇水，一般 2～3 天浇水一次，保持基质微潮。夏天天气炎热，应每天早晚检查基质，若基质稍干即补水，高温时配合喷雾降温。冬季适当减少浇水，保持基质略干，防止低温冻害。另外，要避免碱性水或含氯水直接浇灌。

(2)环境湿度与光照：仿野生种植环境湿度应保持在 65%～85%。自然散射光的光照强度在2000～5000 lux,可采用疏除林木枝叶或用遮阳网调节。

(3)除草:金线莲齐苗后,适时进行人工除草。

(4)防控鼠害:于种植园四周设置围网,防止野生动物侵害。对于鼠害,可视具体情况采取药物灭鼠、器械捕鼠或生物灭鼠等措施。

(六)病虫害防治

按照"预防为主,综合防治"的植保方针,坚持"以农业防治、物理防治、生物防治为主,化学防治为辅"的治理原则。

(1)主要病害防治:病害主要有茎腐病和炭疽病等。可采取以下措施进行预防:培育健壮试管无菌苗;定植前对土壤和环境消毒;合理布局,避开高温高湿环境;及时清除病株;剪刀等用具需严格消毒;发现病害及时选用对口农药防治。

①茎腐病防治可用75%百菌清可湿性粉剂600倍液,或64%杀毒矾可湿性粉剂500倍液,或50%多菌灵可湿性粉剂600倍液喷洒。见零星病苗就应喷药以提高防治效果,每7～10 d喷一次,连喷2～3次。

②炭疽病防治可用波尔多液,或80%代森锌600～800倍液,或70%甲基托布津800～1000倍液喷洒,每隔7～10天喷一次,连喷2～3次。

(2)主要虫害防治:虫害主要有蜗牛、蛞蝓、小地老虎、螨类害虫及斜纹夜蛾等。①蜗牛和蛞蝓防治方法:清洁种植畦及清除四周杂草、杂物,人工捕杀,洒石灰粉隔离害虫,用杀螺剂进行诱杀。②小地老虎防治方法:种植畦四周设置围网,人工捕杀,使用糖醋诱杀液(糖醋酒水为3∶4∶1∶2,加入少量杀虫剂,如乐斯本或三唑磷)。③螨类害虫防治方法:及时清除虫害植株,集中处理,用肥皂泡水喷洒叶片两面,释放捕食螨进行生物防治。④斜纹夜蛾防治方法:清除杂草,翻耕晒土、撒石灰,破坏其化蛹环境;摘除卵块和群集危害的初孵幼虫,以减少虫源;使用糖醋诱杀液(糖醋水为3∶4∶5,加少量香蕉皮和敌百虫诱蛾);用高效氯氰菊酯乳油1000倍液防治。

(七)越冬

在霜冻前利用森林自然落叶或采用人工插枝叶对金线莲进行保护性遮盖,以免受冻,立春后人工清除枯叶。

(八)采收与贮藏

(1)采收时间:定植200～230天、株高10～12 cm时即可选择晴天露水干后采收。一年的采收时间一般在3—5月、10—12月。

(2)采收方法:单株全草人工采收,剔除病株。

(3)加工:用高压喷淋水枪将植株清洗干净,风干、低温干燥或用红外烘干箱在60 ℃以下逐渐加温烘干,干品水分含量为10%～12%。

(4)包装:包装前对产品进行紫外线杀菌处理,采用真空包装或充CO_2包装。

(5)贮藏:应密闭贮存,注意防潮、防虫、防霉变,同时防止有毒有害物质污染,产品长期贮存应放入冷藏库,库内温度控制在3～5 ℃。

(九)产品质量标准

(1)理化指标:参照国家质量监督检验检疫总局颁布的金线莲质量技术规范要求,金线莲多糖含量(以干基计)不低于15.0%,黄酮含量(以干基计)不低于0.8%。

(2)卫生指标:金线莲产品的农药残留量、重金属及其他有害物质指标按国家相关规定执行,凡国家规定禁止使用的农药不得检出。

开放讨论题

比较金线莲林下仿生态种植与大棚(设施)栽培的优缺点。

思考题

1. 中药材生产质量管理规范主要包括哪些内容?
2. 中药材GAP认证包括哪些流程?
3. 无公害中药材的概念是什么?
4. 简述金线莲设施栽培技术规程的主要内容。
5. 金线莲林下仿生态种植标准主要包括哪些内容?

第五章　种质创新与高效栽培延伸——金线莲功能性产品开发

金线莲主要分布于热带亚热带林下，为兰科开唇兰属多年生草本植物，闽台民间使用广泛，在我国的其他地方较少使用。次生代谢物中的金线莲黄酮、甾醇等活性成分的提取和纯化工艺研究较少，缺乏功能性产品。

鉴于长期的食用传统与独特的药用价值，创新金线莲冻干品、浸提液浓缩品、浸提液片剂的制备工艺，建立金线莲黄酮、多糖、甾醇等活性成分提取工艺优化体系，开发以金线莲活性成分提取物为添加剂，制备唇膏、沐浴露、染剂等产品，具有十分重要的意义。

本章主要比较了不同的提取方法，提取金线莲黄酮、多糖等活性成分，确定金线莲活性成分提取的最佳工艺。同时，分离金线莲活性提取成分，测定其抗菌能力、色素稳定性等性质，制备金线莲唇膏、沐浴露和染剂等。

第一节　药食兼用植物功能性产品

一、功能性产品的定义与发展

从《神农本草经》上品药材的食用记载，到现代“功能性食品”概念的形成，药食兼用理论经历了三阶段发展。国际食品法典委员会(CAC)将此类产品定义为“具有生理调节功能的传统食用物质”，国家卫健委 2023 版目录包含 110 种物质，按功能可分为免疫调节(如灵芝、黄芪)、代谢改善(山楂、桑叶)等六大类。关键科学突破在于发现药食两用物质中的生物活性成分，如黄芪甲苷通过 TLR4/MyD88 通路增强免疫力，葛根素与血管内皮细胞 G 蛋白偶联受体结合能达－8.9 kcal/mol。全球监管呈现分化：中国采用“药食同源目录”管理，欧盟要求 Novel Food 认证(需提供 15 年食用史证明)，美国则归入膳食补充剂。

二、原料科学与作用机制

药食兼用植物的核心活性成分包括多糖类（如灵芝的β-葡聚糖）、黄酮类（葛根中的葛根素）、萜类（枸杞的甜菜碱）等七大类。以改善睡眠功能为例，酸枣仁皂苷A通过增强GABA_A受体α亚基表达，在50 mg/kg剂量下可缩短失眠大鼠入睡潜伏期37%。原料配伍存在协同与拮抗：当归与川芎配伍（比例1∶1）可使阿魏酸生物利用度提升2.3倍，而含鞣质的五倍子与铁剂同服会生成沉淀。现代提取技术大幅提升效率，超临界CO_2萃取（压力35 MPa，温度45 ℃）使姜黄素得率从0.8%升至4.5%，且溶剂残留<10^{-6}。稳定性研究显示，微胶囊化技术（海藻酸钠-壳聚糖壁材）可将陈皮挥发油保存期延长至18个月。质控要点包括：灵芝孢子粉破壁率需≥95%，黄芪重金属限量需符合GB 2762—2022等。

三、功能性产品开发与功效验证

剂型设计需兼顾功效与体验，软糖开发中κ-卡拉胶替代明胶可使载药量提升至20%，而纳米乳化技术可让粒径≤200 nm，使难溶成分白藜芦醇等的口服吸收率从5%增至42%。功能性验证需遵循三阶段模型：体外模型评估吸收，动物实验建模和人体试食试验。典型案例显示，某品牌黑芝麻丸通过低温焙炒（120 ℃×25 min）和超微粉碎（D50≤15μm），使亚油酸保留率达95%，产品硬度优化至2.5 kg/cm^2。市场调研指出，2024年功能性零食中软糖剂型占比达58%，但需注意合规性，如标识或宣传“辅助降血糖”，需提供人体试验报告。

四、药食兼用植物开发市场现状与创新方向

药食兼用植物产品全球市场规模2025年将达2750亿美元，中国跨境电商增长最快的品类是护肝解酒产品（年增120%）。创新案例包括：日本津村株式会社将杜仲叶提取物嵌入运动绷带（透皮吸收率31%），荷兰Foodini公司3D打印个性化营养块（根据基因检测调节山楂比例）。技术突破集中在三大领域：肠道菌群调控（茯苓多糖+低聚果糖组合使双歧杆菌增加3.8倍）、精准营养（基于SNP分型的叶酸定制方案）、绿色制造（超高压灭菌技术使蒲公英提取物微生物达标且多酚零损失）。投资分析显示，知识产权密集型产品溢价空间达80%，但需防范原料风险（2023年12%枸杞检出硫超标）。监管动态方面，ISO 23948:2024《人参皂苷检测》国际标准实施将减少30%检测争议。

第二节　金线莲功能性产品开发

一、金线莲多糖提取工艺优化

(一)金线莲水溶剂提取多糖工艺优化

金线莲多糖提取工艺流程如下：

制备好的金线莲样品→加蒸馏水按料液比浸渍→置热水浸泡→减压抽滤→加Sevage试剂10 mL→萃取4次→定容(100 mL容量瓶)→移取2.00 mL→定容(25 mL容量瓶)→移取1 mL至10 mL容量瓶中→加入1 mL苯酚溶液(6%)→加入浓硫酸5 mL→立即摇匀→加蒸馏水定容并摇匀→于水中静置5 min→测定吸光度值→分析计算。

研究金线莲多糖提取最佳工艺，以料液比、水浴温度、浸泡时间为单因素，实验过程如下所述。

1.料液比的影响

称取金线莲干品0.5 g，按浸泡时间2 h、温度70 ℃，料液比①为1∶20、1∶30、1∶40、1∶50、1∶60这5个条件，考察料液比对组培金线莲多糖含量的影响，结果如图5-1所示。

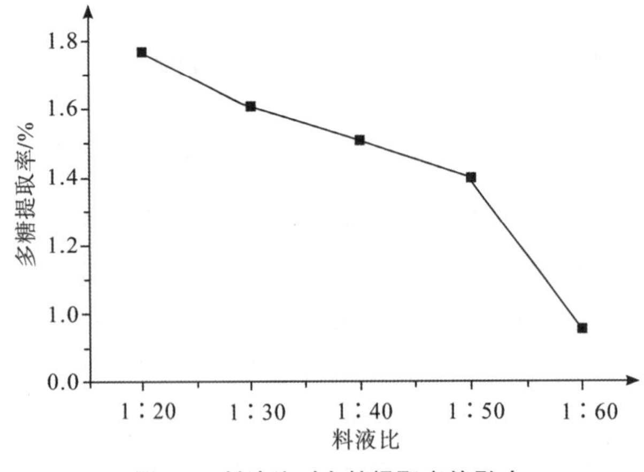

图5-1　料液比对多糖提取率的影响

① 料液比单位为g/mL，下同。

由图 5-1 可知，在水浴提取金线莲多糖的实验中，当料液比在(1∶20)～(1∶60)之间变化时，金线莲多糖随着料液比的增加逐渐降低。因为多糖在金线莲中的含量是一定的，在水中的溶解度有限，当溶液趋于饱和时，溶解量减小，当溶解度达到饱和状态后，增加趋势减缓，所以最佳的料液比为 1∶20。

2.水浴温度的影响

称取金线莲干品 0.5 g，按浸泡时间 2 h、料液比为 1∶30，分别选择水浴温度为 40 ℃、50 ℃、60 ℃、70 ℃、80 ℃这 5 种温度段来考察水浴温度对组培金线莲多糖含量的影响，实验结果如图 5-2 所示。

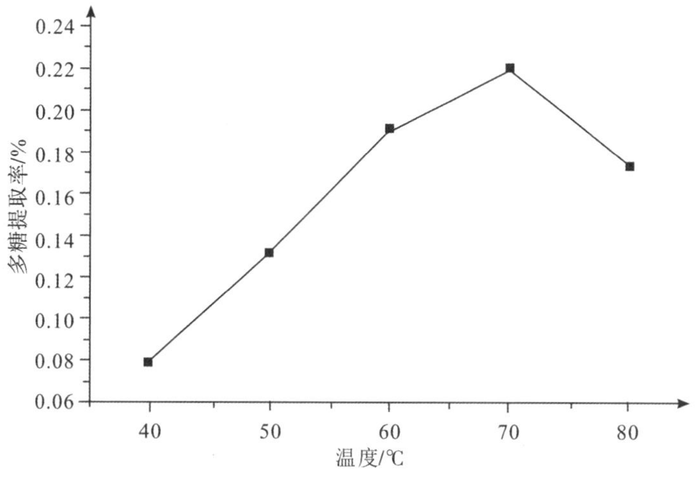

图 5-2　温度对多糖提取率的影响

由于温度升高，加快细胞内多糖物质的溶解，使多糖溶出较多，得率逐渐提高。在 70～80 ℃之间，随着温度的升高，多糖的得率逐渐下降，主要原因在于温度过高易引起一部分的大分子多糖降解，使得含量降低。因此，70 ℃是金线莲多糖提取的最佳温度。

3.浸泡时间的影响

称取金线莲干品 0.5 g，按水浴温度 70 ℃、料液比 1∶30，分别取浸泡时间 1 h、2 h、3 h、4 h、5 h 这 5 个时间来考察浸泡时间对组培金线莲多糖含量的影响，实验结果如图 5-3 所示。

由图 5-3 可见，浸泡时间在前 2 h 内，金线莲多糖的含量随着浸泡时间的增加而增加，在 2 h 时多糖的提取率达到最大值，在 2～5 h，随着时间的继续延长提取率逐渐下降。在短时间内，细胞充分溶解，溶出物也相应增加，但浸泡时间过长，一部分大分子多糖断裂易造成多糖的降解从而致使多糖的提取率降低。因此，浸泡 2 h 为金线莲多糖提取的最佳浸泡时间。

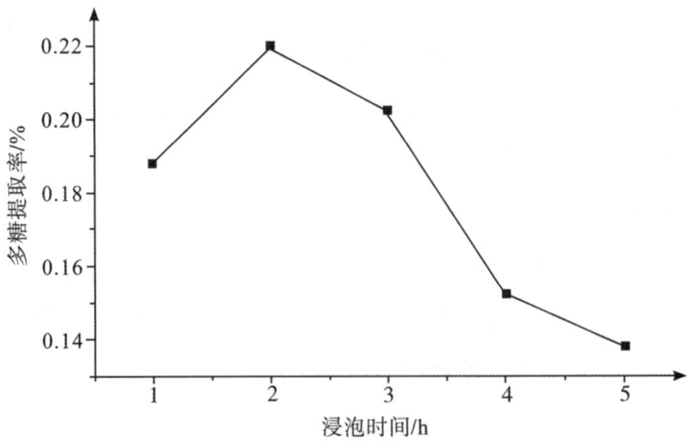

图 5-3 浸泡时间对多糖提取率的影响

结合单因素实验，对金线莲中多糖的提取工艺条件进行优化，选择料液比(A)、水浴温度(B)、浸泡时间(C)为 3 个实验影响因素，每个影响因素选择 3 个水平，以总黄酮提取率作为判断指标，做正交实验，其因素水平设置见表 5-1，即 $L_9(3^3)$正交表设计实验方案。

根据单因素实验结果，以料液比、水浴温度和浸泡时间作为因素进行进一步的研究，制作出正交实验表，见表 5-1。

表 5-1 因素水平

水平	A 料液比	B 水浴温度/℃	C 浸泡时间/h
1	1∶10	60	1
2	1∶20	70	2
3	1∶30	80	3

取预处理后的金线莲样品，按 $L_9(3^3)$正交表进行金线莲多糖含量的测定，结果见表 5-2。

表 5-2 正交实验结果

实验号	因素			吸光度 A	提取率/%
	A	B	C		
①	1	1	1	0.125	0.87
①	1	1	1	0.125	0.87
②	1	2	2	0.117	0.83
③	1	3	3	0.052	0.33

续表

实验号	因素			吸光度 A	提取率/%
	A	B	C		
④	2	1	3	0.067	0.44
⑤	2	2	1	0.054	0.34
⑥	2	3	2	0.158	1.14
⑦	3	1	2	0.119	0.84
⑧	3	2	3	0.048	0.35
⑨	3	3	1	0.077	0.52
⑥	2	3	2	0.158	1.14
k_1	0.68	0.72	0.58		
k_2	0.64	0.51	0.94		
k_3	0.52	0.66	0.37		
r	0.16	0.21	0.57		

由表 5-1 和表 5-2 可知，影响金线莲多糖提取率的因素主次顺序依次为 $C>B>A$，即浸泡时间>水浴温度>料液比。综合分析水溶剂提取法提取金线莲多糖的最佳工艺条件应为 $C_2B_1A_1$，即浸泡时间 2 h，水浴温度 60 ℃，料液比 1∶10。

以最佳提取工艺进行 3 次重复实验（表 5-3），3 次测量结果均优于正交实验表中的任何一组，且 3 次实验的结果相近，表明用此工艺提取组培金线莲多糖的结果重现性好，该提取工艺稳定可行。

表 5-3　验证实验结果

次数	1	2	3	平均值
总多糖提取率/%	1.39	1.48	1.51	1.46

（二）金线莲微波辅助提取多糖工艺优化

金线莲多糖提取工艺流程如下：

制备好的金线莲样品→加 60% 乙醇按料液比浸渍→微波辅助提取→减压抽滤→加 Sevage 试剂 10 mL→萃取 4 次→加乙醇定容（100 mL 容量瓶）→移取 2.00 mL→加乙醇定容（25 mL 容量瓶）→移取 1 mL 至 10 mL 容量瓶中→加入 1 mL 苯酚溶液（6%）→加入浓硫酸 5 mL→立即摇匀→加乙醇定容并摇匀→于水中静置 5 min→测定吸光值→分析计算。

金线莲微波辅助提取多糖，进行最佳提取单因素实验，以微波时间、微波功率、料液比为单因素。

1.微波时间的影响

称取金线莲干品 0.5 g，按微波功率 300 W、料液比 1∶50，分别取微波时间 1 min、2 min、3 min、4 min、5 min 这 5 个时间来考察微波时间对组培金线莲多糖含量的影响，结果如图 5-4 所示。

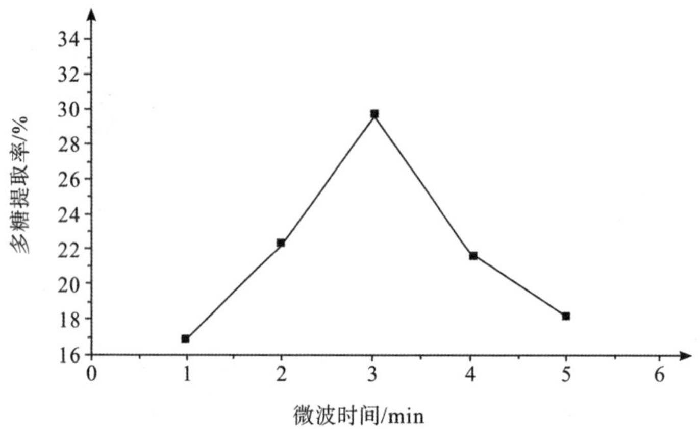

图 5-4　微波时间对多糖提取率的影响

由图 5-4 可见，金线莲多糖提取率在微波时间少于 3 min 时是随着微波时间增加而增加的；微波时间为 3 min 时，达到最大值；微波时间为 3～5 min 时，随着时间的继续延长提取率逐渐下降。由于微波对细胞壁有破碎作用，在短时间内，细胞壁破碎的程度比较小，溶出物也相应减少，当微波时间过长，细胞破碎程度增大，杂质的溶出也相应增多，金线莲多糖的提取率也随之降低。当微波作用时间过长，微波较强的机械破碎作用使得部分大分子多糖断裂，多糖的降解降低了提取率。因此，金线莲多糖提取的最佳微波时间为 3 min。

2.微波功率的影响

称取金线莲干品 0.5 g，按微波时间 3 min、料液比 1∶50，分别取微波功率 150 W、300 W、450 W、600 W、750 W 这 5 种来考察微波功率对组培金线莲多糖含量的影响，结果如图 5-5 所示。

在 100～600 W 之间，随着微波功率的增大，多糖的得率逐渐增加。可能与功率增大促使微波对细胞壁的剪切作用增强，细胞破碎程度增大，细胞内多糖溶出较多有关。在 600～750 W 之间，随着微波功率的增大，多糖的得率逐渐下降，主要原因在于当微波功率大于 600 W 时，一方面微波作用进一步增强，引起一部分大分子多糖的降解；另一方面微波功率增大加速了提取液流动，物料停留在微波场中的

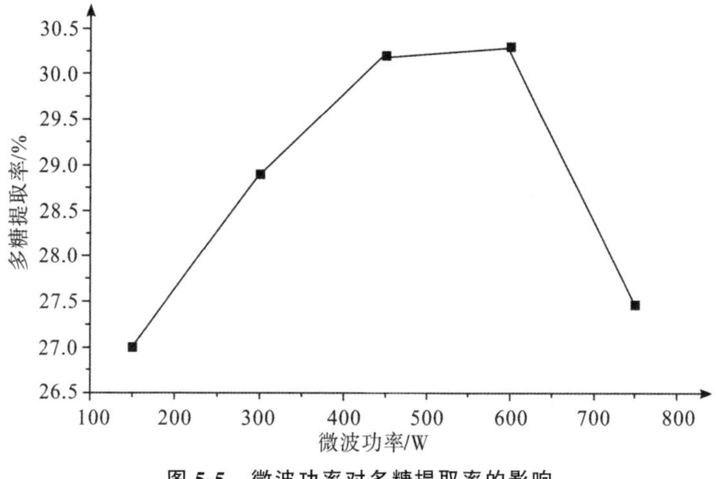

图 5-5　微波功率对多糖提取率的影响

时间减短，微波剪切的作用随之减弱，从而减慢细胞内多糖的溶出速率。因此，微波功率以 450 W 为宜。

3.料液比的影响

称取金线莲干品 0.5 g，按微波功率 300 W、微波时间 3 min，分别取料液比为 1∶20、1∶30、1∶40、1∶50、1∶60 这 5 个条件，考察料液比对组培金线莲多糖含量的影响，如图 5-6 所示。

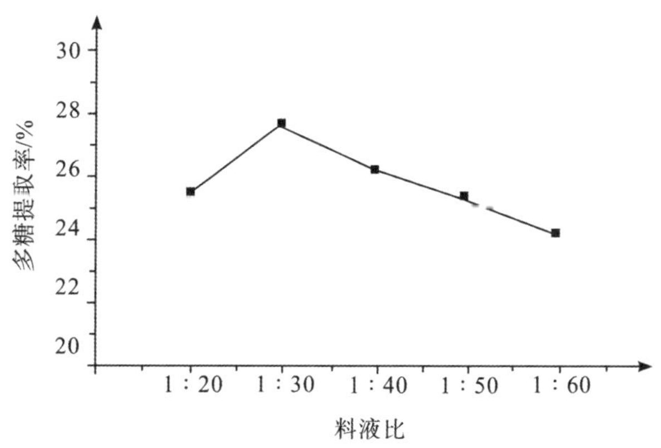

图 5-6　料液比对多糖提取率的影响

由图 5-6 可知，料液比在(1∶20)～(1∶30)之间，金线莲多糖提取率随着料液比的增加逐渐提高。料液比在(1∶30)～(1∶60)之间的提取率增加速率随着料液比的增加而逐渐降低。多糖在金线莲中的含量是一定的，在水中的溶解度有限，当溶液趋于饱和时，溶解量减小，当溶解度达到饱和状态后，得率的增加趋势减缓。因此，最佳的料液比为 1∶30。

结合单因素实验，对组培金线莲多糖的提取工艺条件进行优化，选择微波功率

(*A*)、料液比(*B*)、微波时间(*C*)为 3 个实验影响因素,每个影响因素选择 3 个水平,以总黄酮提取率作为判断指标,做正交实验,其因素水平设置见表 5-4,即 $L_9(3^3)$ 正交表设计实验方案。

根据单因素实验结果,以微波时间、微波功率和料液比作为因素进行进一步的研究,做正交实验,见表 5-4。

表 5-4 因素水平

水平	*A* 微波功率/W	*B* 料液比	*C* 微波时间/min
1	300	1∶20	2
2	450	1∶30	3
3	600	1∶40	4

取预处理后的金线莲样品,按 $L_9(3^3)$ 正交表进行金线莲多糖含量的测定,结果见表 5-5。

表 5-5 正交实验结果

实验号	因素			吸光度 *A*	提取率/%
	A	*B*	*C*		
①	1	1	1	0.224	16.44
②	1	2	2	0.282	20.88
③	1	3	3	0.158	11.39
④	2	1	3	0.192	13.99
⑤	2	2	1	0.175	12.69
⑥	2	3	2	0.250	18.43
⑦	3	1	2	0.239	17.59
⑧	3	2	3	0.242	17.82
⑨	3	3	1	0.229	16.82
k_1	16.237	16.007	15.32		
k_2	15.037	17.130	18.97		
k_3	17.410	15.547	14.40		
r	2.373	1.583	4.57		

由表 5-4 和表 5-5 可知,影响金线莲多糖提取率的因素主次顺序依次为 $C>A>B$,即微波时间>微波功率>料液比。综合分析得出,微波辅助提取金线莲多糖的最佳工艺条件应为 $C_2A_3B_2$,即微波时间 3 min,微波功率 600 W,料液比 1∶30。

以上述最佳提取工艺进行3次重复实验的金线莲多糖提取率见表5-6,3次测量结果均优于正交实验表中的任何一组,且3次实验的结果相近,表明用此工艺提取组培金线莲多糖的结果重现性好,该提取工艺稳定可行。

表5-6 验证实验结果

次数	1	2	3	平均值
总多糖提取率/%	22.94	23.40	22.56	22.97

(三)金线莲超声波提取多糖工艺优化

金线莲多糖提取工艺流程如下:

金线莲干品粉末→加95%乙醇按料液比浸渍→超声辅助提取→减压抽滤→药渣→按料液比加95%乙醇浸渍→超声波提取→减压抽滤→加Sevage试剂10 mL→萃取4次→定容至50 mL容量瓶中→移取1.5 mL→定容于25 mL容量瓶内→移取1 mL至10 mL试管中→加入1 mL苯酚溶液(5%)→加入浓硫酸5 mL→立即摇匀→于室温静置30 min→测定吸光值→分析计算。

金线莲超声波提取多糖,进行最佳提取单因素实验,以超声时间、超声功率、超声温度和料液比为单因素。

1.超声时间的影响

称取金线莲干品0.5 g,按超声功率180 W、超声温度80 ℃、料液比1∶50,分别取超声时间10 min、20 min、30 min、40 min、50 min、60 min这6个时间来考察超声时间对组培金线莲多糖含量的影响,结果如图5-7所示。

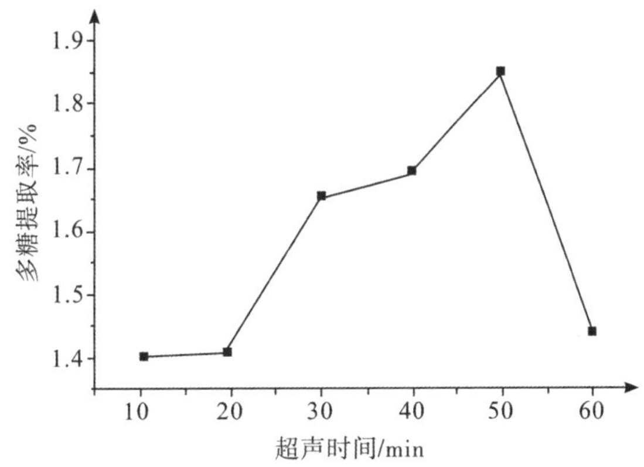

图5-7 超声时间对多糖提取率的影响

由图5-7可知,超声时间在前50 min内,金线莲多糖的提取率随着超声时间的推移而增加,在50 min时多糖的提取率达到最大值,超过50 min后随着时间的继续延长提取率逐渐下降。由于超声波对细胞壁的破碎作用在短时间内较小，细胞壁破碎的程度比较小，溶出物也相应减少，当超声时间过长，细胞破碎程度增大，杂质的溶出也相应增多，金线莲多糖的提取率也随之降低。当超声作用时间过长，超声波具有较强的机械破碎作用，一部分的大分子多糖断裂，造成多糖的降解从而致使多糖的提取率降低，因此最佳的超声时间取 50 min。

2.超声功率的影响

称取金线莲干品 0.5 g，按超声时间 50 min、超声温度 80 ℃、料液比 1∶50，分别取微波功率 150 W、180 W、210 W、240 W、270 W、300 W 这 6 种来考察微波功率对组培金线莲多糖含量的影响，实验结果如图 5-8 所示。

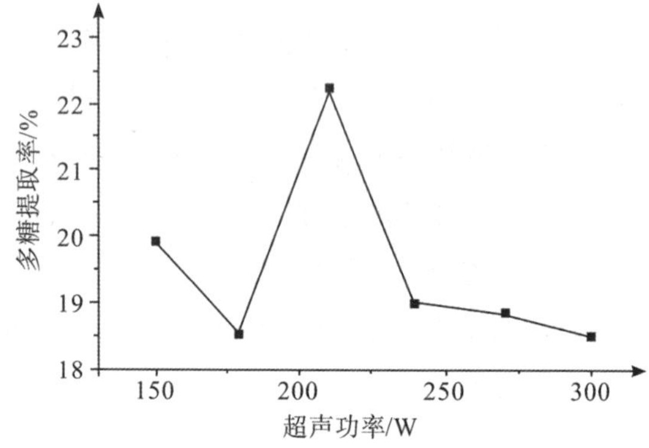

图 5-8　超声功率对多糖提取率的影响

由图 5-8 可知，超声功率在 150～210 W 之间时，金线莲多糖提取率随着超声功率的增大而提高。这是由于功率增大促使超声波对细胞壁的剪切作用增强，细胞破碎程度增大，细胞内多糖溶出较多，多糖的提取率逐渐提高。在 210～300 W 之间，随着超声功率的增大，多糖的得率逐渐下降，主要原因在于当超声功率大于 210 W 时，一方面超声作用进一步增强，引起一部分的大分子多糖的降解，使得提取率降低；另一方面超声作用加速了提取液流动，物料停留在超声场中的时间减短，超声剪切的作用随之减弱，从而减慢细胞内多糖溶出速率。因此，超声功率以 210 W 为宜。

3.超声温度的影响

称取金线莲干品 0.5 g，按超声时间 50 min、超声功率 210 W、料液比 1∶50，取超声温度为 40 ℃、50 ℃、60 ℃、70 ℃、80 ℃这 5 种来考察微波功率对组培金线莲多糖含量的影响，实验结果如图 5-9 所示。

由图 5-9 可知，在 40～70 ℃之间，金线莲多糖提取率随着温度的升高有所提高，但提取率增加并不明显。在 70～80 ℃温度范围内提取，随着温度的升高，提取率显著提高。这是由于多糖低温时在水中的溶解度比较小，而温度超过 80 ℃时，样品易

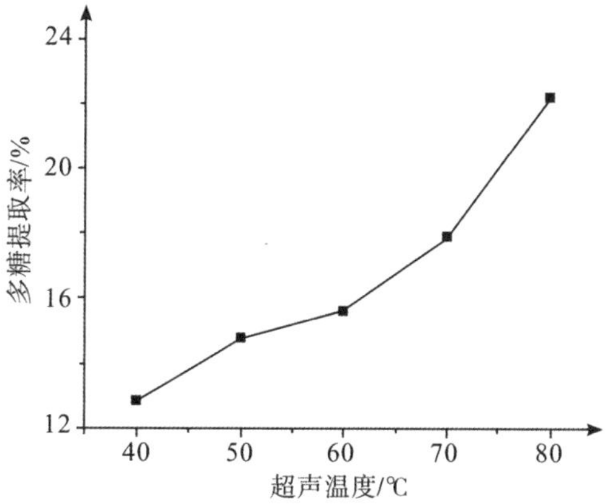

图 5-9　超声温度对多糖提取率的影响

出现糊化现象，料液十分黏稠不利于多糖的提取和分离。因此，提取金线莲多糖适宜的超声温度以 80 ℃为宜。

4.料液比的影响

称取金线莲干品 0.5 g，在超声时间 50 min、超声温度 80 ℃、超声功率 210 W 的条件下，取料液比 1∶30、1∶50、1∶70、1∶90、1∶110 这 5 种比例来考察料液比对组培金线莲多糖含量的影响，实验结果如图 5-10 所示。

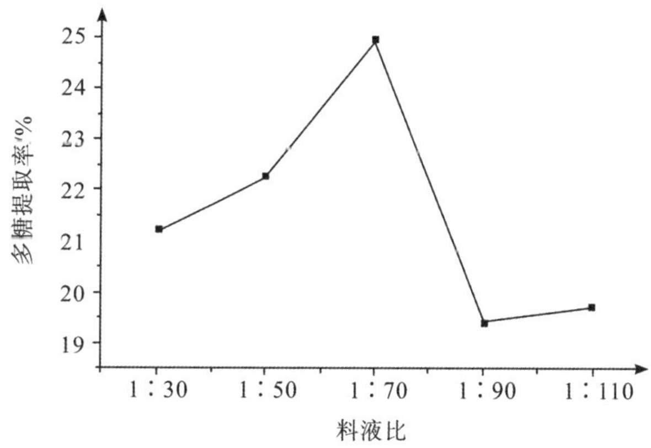

图 5-10　料液比对多糖提取率的影响

由图 5-10 可知，随着料液比的增加，金线莲多糖的提取率也逐渐提高。料液比在(1∶30)～(1∶50)之间时提取率增加速率比较慢，料液比在(1∶50)～(1∶70)之间时提取率增加速率比前者快。固体表面对邻近溶质分子有着亲和作用，在固液两相之间存在吸附平衡，低温有利于吸附，高温有利于脱附。所以，金线莲多糖提取的最佳料液比为 1∶70 。

结合单因素实验，对组培金线莲多糖的提取工艺条件进行优化，选择超声时间(A)、超声温度(B)、超声功率(C)、料液比(D)为 4 个实验影响因素，每个影响因素选择 3 个水平，以总黄酮提取率作为判断指标，做正交实验。其因素水平设置见表 5-7，即 $L_9(3^4)$ 正交表设计实验方案。

根据单因素实验结果，以超声时间、超声温度、超声功率和料液比等因素进行正交实验研究，因素水平见表 5-7。

表 5-7　因素水平

水平	*A* 超声时间/min	*B* 超声温度/℃	*C* 超声功率/W	*D* 料液比
1	30	60	150	1∶50
2	40	70	180	1∶70
3	50	80	210	1∶90

取预处理后的金线莲样品，按 $L_9(3^4)$ 正交表进行金线莲多糖含量的测定，结果见表 5-8。

表 5-8　正交实验结果

实验号	因素				吸光度 *A*	提取率/%
	A	*B*	*C*	*D*		
①	1	1	1	1	0.554	19.42
②	1	2	2	2	0.560	19.64
③	1	3	3	3	0.593	20.89
④	2	1	2	3	0.510	17.75
⑤	2	2	3	1	0.611	21.58
⑥	2	3	1	2	0.694	24.72
⑦	3	1	3	2	0.679	24.15
⑧	3	2	1	3	0.556	19.49
⑨	3	3	2	1	0.625	22.11
k_1	19.983	20.440	21.210	21.037		
k_2	21.350	20.237	19.833	22.837		
k_3	21.917	22.573	22.207	19.377		
r	1.934	2.336	2.374	3.460		

由表 5-7 和表 5-8 可知，影响金线莲多糖提取率的因素主次顺序依次为 $D>C>B>A$，即料液比>超声功率>超声温度>超声时间。综合分析超声波辅助提取金线莲多糖的最佳工艺条件应为 $A_3B_3C_3D_2$，即超声时间 50 min，超声温度 80 ℃，超声功率 210 W，料液比 1∶70。

以最佳提取工艺进行3次重复实验(表5-9),3次测量结果均优于正交实验表中的任何一组,且3次实验的结果相近,表明用此工艺提取组培金线莲多糖的结果重现性好,该提取工艺稳定可行。

表5-9　验证实验结果

次数	1	2	3	平均值
总多糖提取率/%	24.93	24.97	24.95	24.95

(四)金线莲提取多糖工艺比较

综上结果表明,使用微波辅助乙醇提取法提取的金线莲多糖含量明显优于水溶剂提取法提取的金线莲多糖含量,就提取时间和实验的方便性而言,微波乙醇辅助提取法明显优于超声波辅助提取法。所以,金线莲生长期内多糖含量的动态变化的实验选用微波乙醇辅助提取法最优工艺提取及测定。

(1)水溶剂提取法提取金线莲多糖的最佳工艺:在水浴温度60 ℃、料液比1∶10的条件下浸泡时间2 h。水溶剂提取法中影响金线莲多糖成分提取的因素主次顺序依次为浸泡时间>水浴温度>料液比。

(2)微波辅助乙醇提取法提取金线莲多糖的最佳工艺:在料液比1∶30、微波功率600 W的前提下微波时间3 min。微波辅助提取法中影响金线莲多糖成分提取率因素的主次顺序为微波时间>微波功率>料液比。

(3)超声波辅助提取法提取金线莲多糖的最佳工艺:在料液比1∶70、超声功率210 W、超声温度80 ℃的条件下,超声时间50 min。超声波辅助提取法中影响金线莲多糖成分提取率因素的主次顺序依次为料液比>超声功率>超声温度>超声时间。

二、金线莲总黄酮提取工艺优化

(一)金线莲索式提取法提取总黄酮

金线莲索式提取法提取总黄酮,进行最佳提取单因素实验,以体积分数、料液比和提取时间为单因素。

1.乙醇体积分数的影响

称取金线莲干品1 g,分别用40%、50%、60%、70%、80%、90%这5种体积分数的乙醇溶液按1∶80料液比,在99 ℃条件下提取2 h,考察乙醇体积分数对组培金线莲总黄酮提取率的影响,结果如图 5-11 所示。

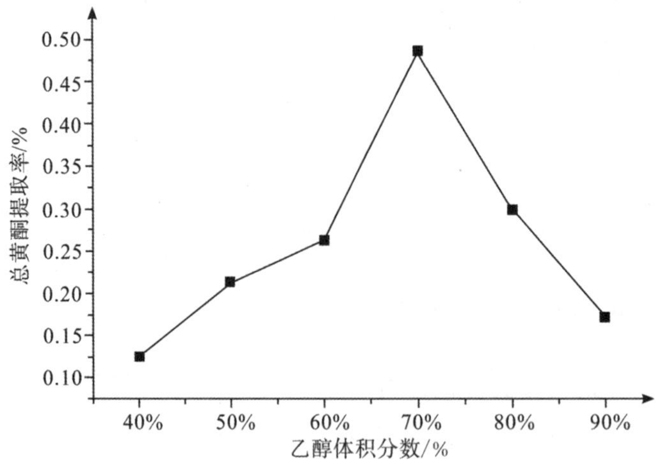

图 5-11　乙醇体积分数对总黄酮提取率的影响

随着乙醇体积分数的提高,金线莲总黄酮提取率先增加后减小,当乙醇体积分数为 70%时,金线莲中总黄酮提取率最高。当乙醇体积分数超过 70%时,随着体积分数的增加提取率降低,可能与高浓度的乙醇在加热过程中挥发损失增大有关,并且随着乙醇体积分数的增大,对植物色素的溶解度也会相应提高,提取液的颜色呈现棕绿色,使得植物的叶绿素干扰影响变大,故本实验宜选择体积分数为 70%的乙醇。

2.料液比的影响

称取金线莲干品 1 g,用 70%的乙醇分别按 1∶60、1∶70、1∶80、1∶90、1∶100这 5 种料液比,在 99 ℃条件下提取 2 h,考察料液比对总黄酮提取的影响,实验结果如图 5-12 所示。

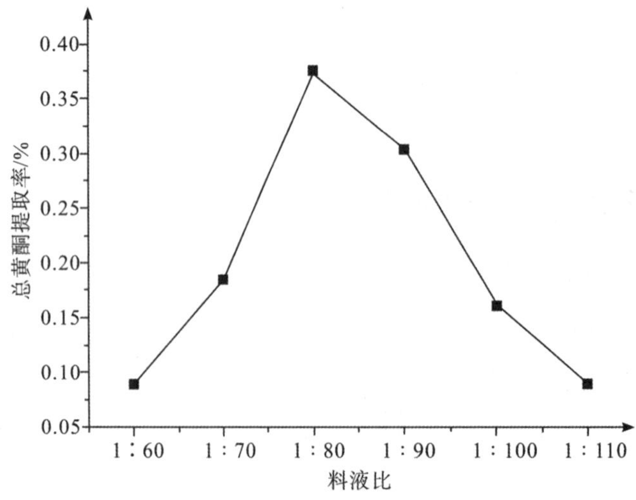

图 5-12　料液比对总黄酮提取率的影响

随着料液比的增加，样品总黄酮提取率先增大后减小，当料液比在 1∶80 时总黄酮提取率达到最大值。这可能是因为溶剂用量太小时，金线莲样品中的黄酮无法完全溶解，而过大的料液比可能会造成溶剂的浪费和浓缩的负担，所以料液比选择以 1∶80 为宜。

3.提取时间的影响

称取金线莲干品 1 g，用 70% 乙醇溶液按 1∶80 料液比，分别在 99℃ 时提取 1.0 h、1.5 h、2.0 h、2.5 h、3.0 h，考察提取时间对总黄酮提取率的影响，实验结果如图 5-13 所示。

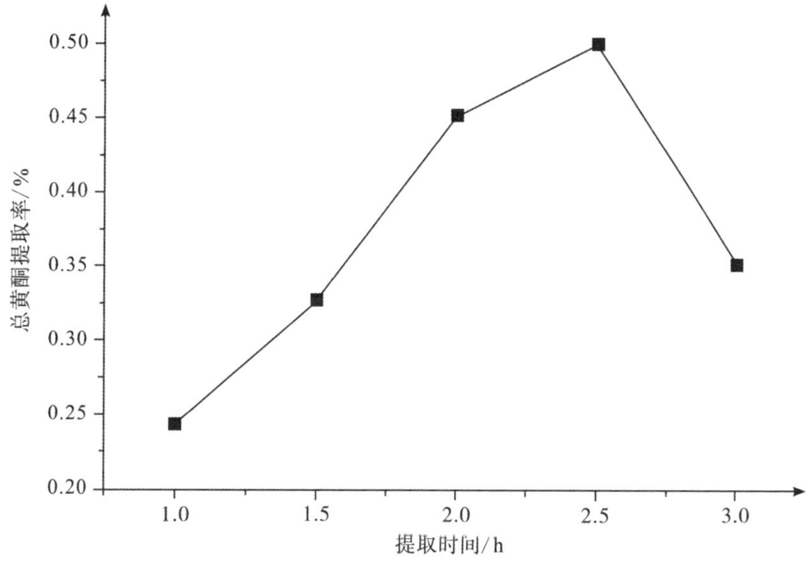

图 5-13　提取时间对总黄酮提取率的影响

随着提取时间的延长总黄酮的提取率变大，提取时间在 2.5 h 后提取率降低。这可能是由于提取时间过长对植物中的黄酮结构有一定的破坏作用，金线莲中的有效成分有所损失，因此提取时间选择为 2.5 h。

结合单因素实验，对组培金线莲黄酮的提取工艺条件进行优化，选择乙醇体积分数（A）、料液比（B）、提取时间（C）为 3 个实验影响因素，每个影响因素选择 3 个水平，以总黄酮提取率作为判断指标，做正交实验。其因素水平设置见表 5-10，$L_9(3^3)$ 正交表设计实验方案。

对金线莲中总黄酮提取工艺条件进行优化，做正交实验，其因素水平设置见表 5-10。选用 $L_9(3^3)$ 正交表设计实验，结果见表 5-11。

表 5-10　因素水平

水平	*A* 乙醇体积分数/%	*B* 料液比	*C* 提取时间/h
1	60	1∶70	2.0
2	70	1∶80	2.5
3	80	1∶90	3.0

表 5-11　正交实验结果

序号	因素			提取率/%
	A 乙醇体积分数/%	*B* 料液比	*C* 提取时间/h	
1	1	1	1	0.065
2	1	2	2	0.350
3	1	3	3	0.238
4	2	1	2	0.155
5	2	2	3	0.179
6	2	3	1	0.315
7	3	1	3	0.327
8	3	2	1	0.280
9	3	3	2	0.250
k_1	0.653	0.547	0.66	
k_2	0.649	0.856	0.82	
k_3	0.857	0.803	0.732	
r	0.208	0.309	0.16	

通过表 5-11 的分析，各个因素对组培金线莲总黄酮提取率的影响程度有所不同，依次为 B（料液比）>A（乙醇体积分数）>C（提取时间）。综合考虑各因素，确定金线莲总黄酮的最佳提取工艺条件为 $A_3B_2C_2$，即乙醇体积分数为 80%，料液比为 1∶80，超声时间为 2.5 h。

以正交实验得出的最佳提取工艺进行二次重复实验，结果见表 5-12。3 次实验结果均优于正交实验组，且几次实验的结果相近，表明用此工艺提取组培金线莲总黄酮的结果重现性好，该提取工艺稳定可行。

表 5-12　验证实验结果

次数	1	2	3	平均值
总黄酮提取率/%	0.407	0.411	0.418	0.412

(二)金线莲超声波提取法提取总黄酮

金线莲超声波提取法提取黄酮，进行最佳提取单因素实验，以乙醇体积分数、料液比、超声功率和超声时间为单因素。

1.乙醇体积分数的影响

称取金线莲干品 1 g，分别用 40%、50%、60%、70%、80%这 5 种体积分数的乙醇溶液按 1∶20 料液比浸泡 12 h 后，在超声功率 180 W、超声温度 35 ℃条件下，超声 40 min，60 ℃水浴中恒温 1 h，考察乙醇体积分数对组培金线莲总黄酮提取率的影响。

2.料液比的影响

称取金线莲干品 1 g，用 70%乙醇分别按 1∶10、1∶20、1∶30、1∶40、1∶50 这 5 种料液比浸泡 12 h，之后进行超声功率 180 W、超声温度 35 ℃、超声时间 40 min 的操作，然后于 60 ℃水浴中恒温浸泡 1 h，来考察料液比对组培金线莲总黄酮提取率的影响。

3.超声功率的影响

称取金线莲干品 1 g，用 70%乙醇、1∶20 料液比浸泡 12 h、超声温度 35 ℃，分别在 120 W、150 W、180 W、210 W、240 W 这 5 种超声功率条件下，提取 40 min，60 ℃水浴中恒温 1 h，考察超声功率对组培金线莲总黄酮提取率的影响。

4.超声时间的影响

称取金线莲干品 1 g，将 70%乙醇溶液按 1∶20 料液比浸泡 12 h，在超声功率 180 W、超声温度 35 ℃条件下，提取 20 min、40 min、60 min、80 min、100 min，60 ℃水浴中恒温 1 h，考察超声时间对组培金线莲总黄酮提取率的影响。

结合单因素实验，对金线莲中总黄酮的提取工艺条件进行优化，选择乙醇体积分数(A)、料液比(B)、超声功率(C)、提取时间(D)这 4 个实验因素，每个因素选择 3 个水平，选用 $L_9(4^3)$正交表设计实验方案。

(三)金线莲微波提取法提取黄酮

金线莲微波提取法提取黄酮，进行最佳提取单因素实验，以微波功率、乙醇体积分数、料液比和微波时间为单因素。

1.微波功率的影响

称取金线莲干品 1 g,用 60%乙醇按 1∶20 料液比浸泡 1 h,在微波功率分别为 150 W、300 W、450 W、600 W、750 W 条件下,提取 1 min,考察微波功率对组培金线莲总黄酮提取率的影响。

2.乙醇体积分数的影响

称取金线莲干品 1 g,按 1∶20 料液比分别用 40%、50%、60%、70%、80%乙醇浸泡 1 h,在微波功率 300 W 条件下,提取 1 min,考察乙醇体积分数对组培金线莲总黄酮提取率的影响。

3.料液比的影响

称取金线莲干品 1 g,按 1∶10、1∶20、1∶30、1∶40、1∶50 的料液比,用 60%的乙醇浸泡 1 h,在微波功率 300 W 条件下,提取 1 min,考察料液比对组培金线莲总黄酮提取率的影响。

4.微波时间的影响

称取金线莲干品 1 g,用 60%的乙醇溶液按 1∶30 料液比浸泡 1 h,在微波功率 300 W 条件下,分别提取 1 min、2 min、3 min、4 min、5 min、6 min,来考察微波时间对组培金线莲总黄酮提取率的影响。

结合单因素实验,对金线莲总黄酮的提取工艺条件进行优化,选择微波功率(A)、乙醇体积分数(B)、料液比(C)、微波时间(D)4 个实验因素,每个因素选择 3 个水平,选用 $L_9(4^3)$正交表设计实验方案。

三、金线莲金线莲苷提取工艺

(一)金线莲苷提取液的制备

精密称取金线莲粉 0.5 g,置于具塞三角瓶中,加入甲醇 7.5 mL,超声 1 h,用滤纸过滤得到甲醇提取液,将提取液蒸干,然后用 4 mL 水溶液溶解,摇匀,加适量的氯仿萃取脱脂,分出水层,将其定容至 5 mL,0.22 μL 滤膜过滤,再取滤液稀释 10 倍。

(二)标准曲线绘制

精密称取金线莲苷标准品(购自上海源叶生物有限公司,HPLC≥95%,货号 B25637)5 mg 到 50 mL 量瓶中,加入甲醇(购自西陇化工股份有限公司的分析纯)制备成 0.1 mg/mL 的金线莲苷对照品储备液。取对照品储备液,分别用甲醇稀释至 0.02 mg/mL、0.03 mg/mL、0.04 mg/mL、0.05 mg/mL、0.08 mg/mL、0.09 mg/mL。

采用 Agilent1200 高效液相色谱仪（安捷伦科技有限公司），采用高效液相色谱法的色谱条件，色谱柱采用 C18 柱，流动相为甲醇-乙腈-水溶液（10∶5∶85）；流速为 1.0 $mL \cdot min^{-1}$；检测波长为 215 nm；柱温为 30 ℃；进样量为 10 μL，检测金线莲苷标准品的出峰时间和峰面积，以浓度（mg/mL）为横坐标（X），以峰面积积分值（mAU）为纵坐标（Y），绘制标准曲线。

样品中金线莲苷含量计算公式：

$$金线莲苷含量(\%)=C\times n/m\times 100\%$$

式中，C 为金线莲苷浓度（mg/mL）；n 为稀释倍数；m 为样品质量（mg）

金线莲苷标准品的色谱图如图 5-14 所示，出峰时间在 1～2 min。

设置好高效液相色谱条件后，将准备好的标准品进样测定。横坐标为标准品中金线莲苷浓度，纵坐标为吸收峰面积，得到的标准曲线如图 5-15 所示。回归方程为 $Y=17.003X+0.264$，$R^2=0.993$（Y 为峰面积，X 为金线莲苷浓度），呈良好的线性关系。

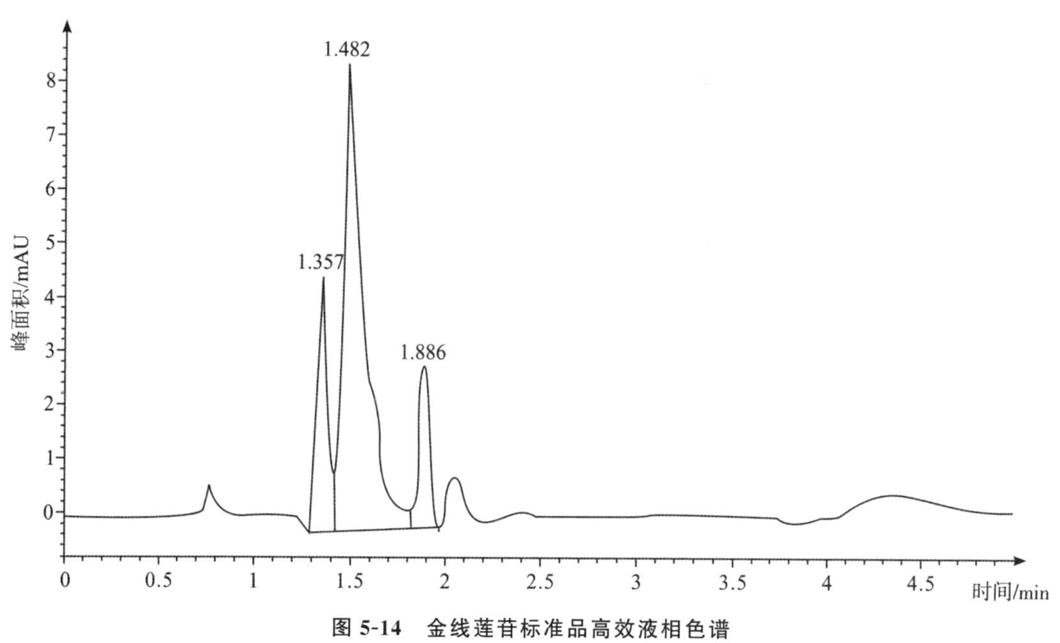

图 5-14　金线莲苷标准品高效液相色谱

（三）金线莲苷含量的检测

取未处理的金线莲苷提取液，连续进样 5 次，测金线莲苷的 RSD 值，确定仪器精密度后，将金线莲苷提取液进样测定其吸收峰面积以计算金线莲苷的含量，每个样品重复处理 3 次。

金线莲样品的色谱图如图 5-16 所示，在 1～2 min 之间，对应标准品出现峰值。

在上述相同的高效液相色谱条件下，将金线莲样品的金线莲苷提取液连续进样

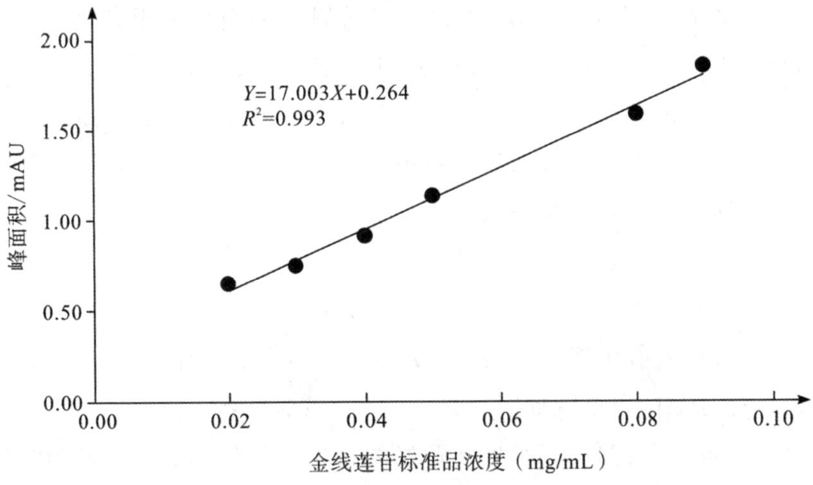

图 5-15　金线莲苷标准曲线

6 次（表 5-13），测定各色谱峰保留时间的相对标准偏差为 0.21%，峰面积相对标准偏差为 1.19%（峰面积 RSD 应≤2%），说明该方法具有较好的精确度。

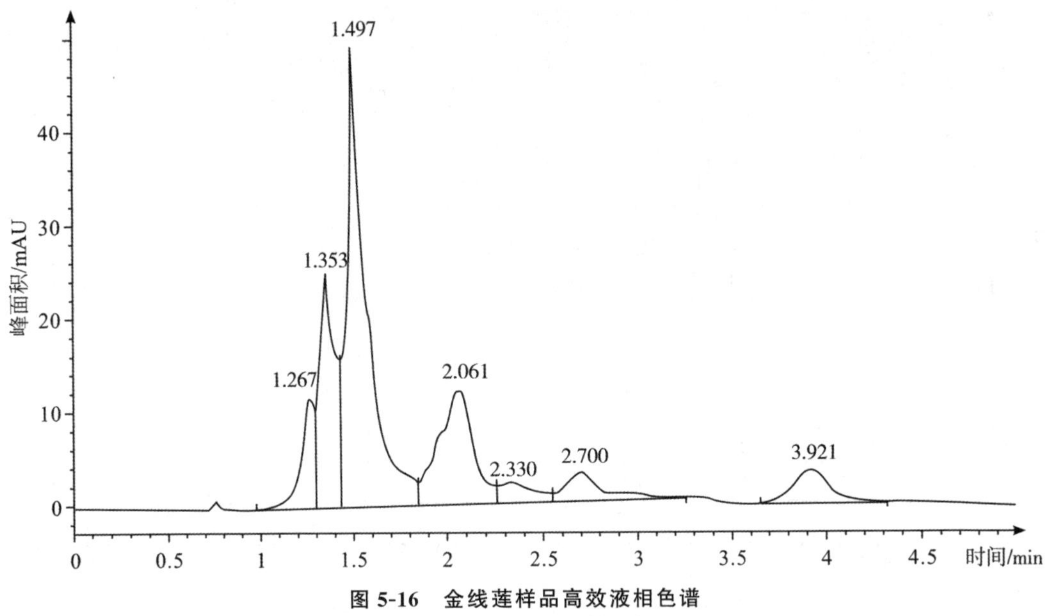

图 5-16　金线莲样品高效液相色谱

表 5-13　精密度测试

序号	1	2	3	4	5	6
保留时间/min	1.486	1.486	1.492	1.491	1.492	1.493
保留时间相对标准偏差(RSD)/%	0.21					
峰面积/mAU	9.394	9.535	9.611	9.656	9.662	9.706
峰面积相对标准偏差(RSD)/%	1.19					

将测定各样品峰面积代入金线莲苷标准曲线中算出金线莲苷的浓度，然后代入公式[金线莲苷含量(%)$=C\times n/m\times 100\%$]中计算出金线莲中金线莲苷含量，为0.5%～3%。

第三节　金线莲产品开发

金线莲初加工产品主要包括金线莲养肝茶。之后，人们利用提取的金线莲黄酮、多糖等活性成分，开发出金线莲含片、金线莲唇膏等(图 5-17)。

图 5-17　金线莲茶及植物提取饮料

本书以金线莲唇膏为例，介绍金线莲产品的开发工艺与流程。

爱美之心人皆有之，化妆开始日常化，成为社交礼仪的一部分。而化妆品中的某些化学成分或激素可能会引起皮肤不耐受，导致出现程度不同的肌肤问题，功效显著、安全性高的药妆品便应运而生了。药妆是指具药物性质的护肤品，能有效护理皮肤、缓解衰老、改善肤质。事实上我国古代早就有“药妆”雏形了，当时人们就懂得将一些植物色素或者有色矿物擦拭在脸部和唇部，而这一切发生在公元前3500年前。《神农本草经》有记载：红玉膜、浮萍膏、三花除皱液这几样是当时颇为流行的“药妆”，它们皆是提取天然植物的有效成分制成的。再来看如今，现代功效性化妆品畅销全球，而标榜的便是含有抗氧化剂、肽类、多糖、生长因子等主要活性成分。而金线莲运用在功效性化妆品方面的成就，有福建(嘉文丽)化妆品有限公司研发的金线莲面膜、金线莲面霜等，其含有金线莲提取物金线莲苷等，可以抵抗细菌消除炎症，让皮肤舒缓，还能起到保湿、抗氧化作用，让肌肤弹润水嫩。以下以金线莲唇膏为例，阐述一种利用金线莲提取物开发的金线莲化妆品的制备流程。

一、金线莲唇膏水分和油分检测

检测唇膏的水分、油分来探测唇膏滋润度与保湿性如何，可改变油蜡配比得出效果最好的唇膏配方，故分别设置不同种配方，其中固定量为橄榄油3.5 g、小烛树蜡0.5 g、白蜂蜡0.6 g、乳木果油1 g、维生素E 1 g，变量为蜂蜡和鳄梨油克数。利用皮肤测试仪检测配方唇膏中的水分与油分。检测方法：按照皮肤测试仪使用说明书调整仪器后，先测量各测试区域的初始值(样品使用前)，然后再测试受试区域的皮肤水分与油分含量，即可计算出产品使用前后皮肤水分与油分的变化量。根据检测方法每个配方取样0.05 g，每次进行3次平行检测(检测当日平均气温为25 ℃)。

二、金线莲唇膏微生物检测

唇膏在生产、保存和使用过程中，由于接触空气极可能受到微生物的污染，导致其产品质量可能发生质变，而引起产品物理性质变化(色泽、气味)，产品有效性减弱或丧失，更严重的是引起过敏和病毒感染。因此，唇膏在储存和使用过程中必须严格把控微生物的稳定性，在唇膏开发阶段对防腐效果进行检测。

取1 g金线莲唇膏置于培养皿中，以放置时间为自变量，控制单一变量，以唇膏菌落生长情况为因变量，每隔1个月取适量唇膏于牛肉膏蛋白胨固体培养基中进行涂布，再恒温培养48 h，观察培养基中有无菌落长出，若有则利用革兰氏染色法来鉴别细菌。

三、金线莲唇膏重金属含量测定

以全自动石墨消解-ICP-MS法来测定金线莲唇膏中的重金属含量。根据《化妆品卫生标准》，润唇膏所含的有毒物质不得超过以下限定的量：铅(以铅计)<40 μg/g，

汞<1 μg/g,砷<10 μg/g。金线莲唇膏中汞含量<1 μg/g,铅含量为<40 μg/g,砷含量为<10 μg/g。经检测,金线莲唇膏有毒物质含量有限,均低于标准,符合《化妆品卫生标准》。

开放讨论题

金线莲还可以开发出哪些深加工产品?

思考题

1. 哪些因子可优化金线莲多糖提取工艺?
2. 哪个因子是影响金线莲多糖提取的最重要因子?
3. 哪些因子可优化金线莲黄酮提取工艺?
4. 提取工艺的优化对金线莲产品开发有什么影响?

参考文献

[1]YANG L，ZHANG J C，QU J T，et al. Expression response of chalcone synthase gene to inducing conditions and its effect on flavonoids accumulation in two medicinal species of *Anoectochilus*[J]. Scientific Reports，2019，1：1-10.

[2]YANG L，DAI L W，ZHANG H Y，et al. Molecular and functional analysis of trehalose-6-phosphate synthase genes enhancing salt tolerance in *Anoectochilus roxburghii* (Wall.) Lindl[J]. Molecules，2023，28(13)：5139.

[3]YANG L，LI W C，FU F L，et al. Characterization of phenylalanine ammonia-lyase genes facilitating flavonoid biosynthesis from two species of medicinal plant *Anoectochilus*[J]. PeerJ，2022(10)：e13614.

[4]YANG L，ZHANG J C，LI W C，et al. Cloning and characterization of farnesyl pyrophosphate synthase gene from *Anoectochilus*[J]. Pakistan Journal of Botany，2020，52(3)：925-934.

[5]杨琳，张杭颖，邢建宏，等. 台湾金线莲和福建金线莲苯丙氨酸解氨酶的拷贝数分析[J]. 分子植物育种，2020，18(15)：4924-4929.

[6]杨琳，张杭颖，李晚忱，等. 福建金线莲和台湾金线莲苯丙氨酸代谢产物的比较[J]. 分子植物育种，2020，18(13)：4443-4449.

[7]杨琳，瞿静涛，李晚忱，等. 两种金线莲全长转录本的构建及密码子使用偏好性分析[J]. 分子植物育种，2020，18(12)：3916-3922.

[8]张杭颖，杨秀鸿，李增富，等. 微波辅助法提取金线莲总黄酮工艺及地栽阶段总黄酮含量动态研究[J]. 三明学院学报，2015，32(2)：58-63.

[9]刘柄良，杨琳，付凤玲，等. 金线莲辣椒红素/玉红素合成酶基因 *CCS* 的克隆及表达模式分析[J]. 四川农业大学学报，2019，37(1)：22-27.

[10]张君诚，张超，陈强，等. 金线莲产业化现状及发展对策[J]. 福建林业科技，2014，41(4)：220-224.

[11]陈裕，林坤瑞，管其宽. 野生花叶开唇兰、大斑叶兰资源调查研究初报[J]. 亚热带植物科学，1990，19(2)：61-63.

[12]中国科学院植物研究所. 中国高等植物图鉴[M]. 北京：科学出版社，2016.

[13]李安仁. 中国植物志[M]. 北京：科学出版社，1998.

[14]国家中医药管理局. 中华本草[M]. 上海：上海科学技术出版社，2005.

[15]李介元. 台湾金线莲[J]. 台湾农业探索，2001，65(2)：42-42.

[16]马志杰，胡宏友. 民间药材金线莲研究动态(综述)[J]. 亚热带植物科学，2002，31(s1)：27-31.

[17]傅立国，陈潭清，郎楷永，等. 中国高等植物[M]. 青岛：青岛出版社，2001.

[18]林宗铿. 名贵药材“金线莲”[J]. 福建热作科技，2003，28(2)：45-46.

[19]陈裕，管其宽. 金线莲生物学特性及生境特点的研究[J]. 亚热带植物科学，1994，23(1)：18-24.

[20]WANG X X，HE J M，WANG C L，et al. Simultaneous structural identification of natural products in fractions of crude extract of the rare endangered plant *Anoectochilus roxburghii* using H-1 NMR/RRLC-MS parallel dynamic spectroscopy[J]. International Journal of Molecular Sciences，2011，12(4)：2556-2571.

[21]HE C N，WANG C L，GUO S X，et al. A novel flavonoid glucoside from *Anoectochilus roxburghii* (Wall.) Lindl.[J]. Journal of Integrative Plant Biology，2006，48(3)：359-363.

[22]LIU Q，HA W，LIU Z L，et al. 3-Hydroxybutanolide derivatives and flavonoid glucosides from *Anoectochilus roxburghii*[J]. Phytochemistry Letters，2014，8：109-115.

[23]何春年，王春兰，郭顺星，等. 福建金线莲的化学成分研究[J]. 中国药学杂志，2005(8)：581-583.

[24]何春年，王春兰，郭顺星，等. 福建金线莲的化学成分研究Ⅱ[J]. 中国中药杂志，2005(10)：761-763.

[25]曹扬远，朱壁洁，王勇，等. RP-HPLC 测定金线莲超声-微波协同萃取物中 3 种活性成分的含量[J]. 中国现代药物应用，2007(5)：1-3.

[26]张锦雀，吴晓珊，朱善岚，等. 金线莲多糖苯酚-硫酸法测定条件的优化[J]. 中国医院药学杂志，2010，30(2)：113-116.

[27]赖应辉，吴锦忠. 金线莲中无机元素及糖类的分析[J]. 中药材，1997(2)：84-85.

[28]王常青，严成其，王勇，等. 台湾金线莲多糖的分离纯化及其体外抑瘤活性研究[J]. 中国生化药物杂志，2008(2)：93-96.

[29]YU X L，LIN S E，ZHANG J Q，et al. Purification of polysaccharide from artificially cultivated *Anoectochilus roxburghii* (wall.) Lindl. by high-speed counter current chromatography and its anti-tumor activity[J]. Journal of Separation Science，2017，40(22)：4338-4346.

[30]ZENG B Y，SU M H，CHEN Q X，et al. Antioxidant and hepatoprotective activities of polysaccharides from *Anoectochilus roxburghii*[J]. Carbohydrate Polymers，2016，153：391-398.

[31]李春艳，阮冠宇，倪碧莲，等. 正交优化超声-微波协同萃取金线莲中阿魏酸的工艺研究[J]. 光明中医，2009，24(12)：2261-2263.

[32]李春艳，阮冠宇，倪碧莲，等. 金线莲中阿魏酸和肉桂酸的提取及 HPLC 测定[J]. 福建中医学院学报，2009，19(5)：13-16.

[33]董学畅，张铁，侯霞，等. 高效液相色谱法测定金线莲中的绿原酸、咖啡酸和芦丁[J]. 云南化工，2006(5)：68-70.

[34]HAN M H，YANG X W，JIN Y P. Novel triterpenoid acyl esters and alkaloids from *Anoec-*

tochilus roxburghii[J]. Phytochemical Analysis，2008，19(5)：438-443.

[35]林丽清，黄丽英，张亚锋，等. 金线莲总生物碱的提取方法及条件的优化[J]. 中药材，2006(12)：1365-1367.

[36]钟添华，黄丽英，王勇. 金线莲总生物碱的提取及含量测定[J]. 化学研究，2006(4)：68-70.

[37]HUANG L Y，CAO Y Y，XU H，et al. Separation and purification of ergosterol and stigmasterol in *Anoectochilus roxburghii* (wall) Lindl by high-speed counter-current chromatography[J]. Journal of Separation Science，2011，34(4)：385-392.

[38]何春年，王春兰，郭顺星，等. 福建金线莲的化学成分研究Ⅲ[J]. 天然产物研究与开发，2005(3)：259-262.

[39]MCNAUGHT A D，WILKINSON A. Compendium of chemical terminology(IUPAC)[M]. 2 ed. Oxford：Blackwell Scientific Publications，1997.

[40]HARBORNE J B，WILLIAMS C A. Advances in flavonoid research since 1992[J]. Phytochemistry，2000，55(6)：481-504.

[41]PEER W A，MURPHY A S.Flavonoids and auxin transport：modulators or regulators? [J]. Trends in Plant Science，2007，12(12)：556-563.

[42]BAIS H P，WEIR T L，PERRY L G，et al.The role of root exudates in rhizosphere interactions with plants and other organisms[J]. Annual Review of Plant Biology，2006，57(1)：233-266.

[43]TAYLOR L P，GROTEWOLD E. Flavonoids as developmental regulators[J]. Current Opinion in Plant Biology，2005，8(3)：317-323.

[44]MOL J，GROTEWOLD E，KOES R. How genes paint flowers and seeds[J]. Trends in Plant Science，1998，3(6)：212-217.

[45]WANI T A，PANDITH S A，GUPTA A P，et al. Molecular and functional characterization of two isoforms of chalcone synthase and their expression analysis in relation to flavonoid constituents in *Grewia asiatica* L[J]. PloS One，2017，12(6)：e0179155.

[46]TREUTTER D. Significance of flavonoids in plant resistance and enhancement of their biosynthesis[J]. Plant Biology，2005，7(6)：581-591.

[47]LI J，OU-LEE T M，RABA R，et al. Arabidopsis flavonoid mutants are hypersensitive to UV-B irradiation[J]. Plant Cell，1993，5(2)：171-179.

[48]SHEAHAN J J. Sinapate esters provide greater UV-B attenuation than flavonoids in *Arabidopsis thaliana* (Brassicaceae)[J]. American Journal of Botany，1996，83(6)：679-686.

[49]DAO T T H，LINTHORST H J M，VERPORTE R. Chalcone synthase and its functions in plant resistance[J]. Phytochemistry Reviews，2011，10(3)：397-412.

[50]BROUGHTON W J，ZHANG F，PERRET X，et al. Signals exchanged between legumes and rhizobium：agricultural uses and perspectives[J]. Plant and Soil，2003，252(1)：129-137.

[51]COHEN M F，YAMASAKI H. Flavonoid-induced expression of a symbiosis-related gene in the cyanobacterium *Nostoc punctiforme*[J]. Journal of Bacteriology，2000，182(16)：4644-4646.

[52]GONZALI S，MAZZUCATO A，PERATA P. Purple as a tomato：towards high anthocyanin

tomatoes[J]. Trends in Plant Science, 2009, 14(5): 237-241.

[53]祁银燕，刘雅莉，李莉，等. 风信子 DFR 基因全长 cDNA 的克隆及序列分析[J]. 中国农学通报，2009，25(24)：62-67.

[54]TAYLOR L P, JORGENSEN R A. Conditional male fertility in chalcone synthase-deficient petunia[J]. Journal of Heredity, 1992, 83(1): 11-17.

[55]CHINNUSAMY V, ZHU J H, ZHU J K. Cold stress regulation of gene expression in plants [J]. Trends in Plant Science, 2007, 12(10):444-451.

[56]TEVINI M. The protective function of the epidermal layer of rye seedlings against ultraviolet-B radiation[J]. Photochemistry & Photobiology, 1991, 53(3): 329-333.

[57]SOLOVCHENKO A, SCHMITZ-EIBERGER M. Significance of skin flavonoids for UV-B-protection in apple fruits[J]. Journal of Experimental Botany, 2003, 54(389): 1977-1984.

[58]COBERLY L C, RAUSHER M D. Analysis of a chalcone synthase mutant in Ipomoea purpurea, reveals a novel function for flavonoids: amelioration of heat stress[J]. Molecular Ecology, 2003, 12(5): 1113-1124.

[59]KIRAKOSYAN A, SEYMOUR E, KAUFMAN P B, et al. Antioxidant capacity of polyphenolic extracts from leaves of Crataegus laevigata and Crataegus monogyna (Hawthorn) subjected to drought and cold stress[J]. Journal of Agricultural & Food Chemistry, 2003, 51(14): 3973-3976.

[60]张华峰，王瑛，黄宏文. 黄酮类化合物生物合成途径的进化及其在淫羊藿中的研究展望[J]. 中草药，2006(11)：1745-1751.

[61]VERVERIDIS F, TRANTAS E, DOUGLAS C, et al. Biotechnology of flavonoids and other phenylpropanoid-derived natural products. Part I: chemical diversity, impacts on plant biology and human health[J]. Biotechnology Journal, 2007, 2(10):1214-1234.

[62]BOVY A, SCHIJLEN E, HALL R D. Metabolic engineering of flavonoids in tomato (Solanum lycopersicum): the potential for metabolomics[J]. Metabolomics, 2007, 3(3): 399-412.

[63]FRANKEN P, NIESBACH-KLOSGEN U, WEYDEMANN U, et al. The duplicated chalcone synthase genes C2 and Whp (white pollen) of Zea mays are independently regulated; evidence for translational control of Whp expression by the anthocyanin intensifying gene in[J]. EMBO Journal, 1991, 10(9): 2605-2612.

[64]PARK N I, XU H, ARASU M V, et al. Subcellular localization studies of three phenylalanine ammonialyases and cinnamate 4-hydroxylase from Scutellaria Baicalensis using GFP fusion proteins [J]. Online Journal of Biological Sciences, 2015, 15(2): 70-73.

[65]REIMOLD U, KRÖGER M, KREUZALER F, et al. Coding and 3′ non-coding nucleotide sequence of chalcone synthase mRNA and assignment of amino acid sequence of the enzyme[J]. EMBO Journal, 1983, 2(10): 1801-1805.

[66]ZHOU L, WANG Y, PENG Z H. Molecular characterization and expression analysis of chalcone synthase gene during flower development in tree peony (Paeonia suffruticosa)[J]. African Journal of Biotechnology, 2011, 10(8):1275-1284.

[67]姜翠翠，王玉珍，叶新福.油果实中查尔酮合成酶基因 *PsCHS* 的克隆表达分析及其启动子的分离[J].福建农业学报，2016，31(1)：16-21.

[68]DA C E S O, KLEIN L, SCHMELZER E, et al. BPF-1, a pathogen-induced DNA-binding protein involved in the plant defense response[J]. Plant Journal, 1993, 4(1): 125-135.

[69]DURBIN M L, MCCAIG B, CLEGG M T. Molecular evolution of the chalcone synthase multigene family in the morning glory genome[J]. Plant Molecular Biology, 2000, 42(1): 79-92.

[70]QIAO F, GENG G G, ZENG Y, et al. Molecular cloning and expression profiling of a chalcone synthase gene from *Lamiophlomis rotata*[J]. Journal of Genetics, 2015, 94(2): 193-205.

[71]KIM S H, LEE J R, HONG S T, et al. Molecular cloning and analysis of anthocyanin biosynthesis genes preferentially expressed in apple skin[J]. Plant Science, 2003, 165(2): 403-413.

[72]LAN X Z, QUAN H, XIA X L, et al. Molecular cloning and transgenic characterization of the genes encoding chalcone synthase and chalcone isomerase from the Tibetan herbal plant *Mirabilis himalaica*[J]. Biotechnology & Applied Biochemistry, 2016, 63(3): 419-426.

[73]LO C, COOLBAUGH R C, NICHOLSON R L. Molecular characterization and in silico expression analysis of a chalcone synthase gene family in Sorghum bicolor[J]. Physiological & Molecular Plant Pathology, 2002, 61(3): 179-188.

[74]MA Y, XU X R, ZHANG N N, et al. cDNA cloning and expression analysis of the chalcone synthases (CHS) in Osmanthus fragrans[J]. American Journal of Molecular Biology, 2017(1): 41-48.

[75]NIESBACH-KLÖSGEN U, BARZEN E, BERNHARDT J, et al. Chalcone synthase genes in plant: a tool to study evolutionary relationships[J]. Journal of molecular evolution, 1987, 26(3): 213-225.

[76]POVERO G, GONZALI S, BASSOLINO L, et al. Transcriptional analysis in high-anthocyanin tomatoes reveals synergistic effect of Aft and atv genes[J]. Journal of Plant Physiology, 2011, 168(3): 270-279.

[77]SASLOWSKY D E, DANA C D, WINKEL-SHIRLEY B. An allelic series for the chalcone synthase locus in Arabidopsis[J]. Gene, 2000, 255(2): 127-138.

[78]SOMMER H, SAEDLER H. Structure of the chalcone synthase gene of *Antirrhinum majus* [J]. Molecular & General Genetics, 1986, 202(3): 429-434.

[79]SPARVOLI F, MARTIN C, SCIENZA A, et al. Cloning and molecular analysis of structural genes involved in flavonoid and stilbene biosynthesis in grape (*Vitis vinifera* L.)[J]. Plant Molecular Biology, 1994, 24(5): 743-755.

[80]VAN TUNEN A J, KOES R E, SPELT C E, et al. Cloning of the two chalcone flavanone isomerase genes from Petunia hybrida: coordinate, light-regulated and differential expression of flavonoid genes[J]. EMBO Journal, 1988, 7(5): 1257-1263.

[81]YU L M, LAMB C J, DIXON R A. Purification and biochemical characterization of proteins which bind to the H-box cis-element implicated in transcriptional activation of plant defense genes [J]. Plant Journal, 1993, 3(6): 805-816.

[82]AUSTIN M B, NOEL J P. The chalcone synthase superfamily of type III polyketide synthases [J]. Natural Product Reports, 2003, 20(1): 79-110.

[83]WEISSHAAR B, ARMSTRONG G A, BLOCK A, et al. Light-inducible and constitutively expressed DNA-binding proteins recognizing a plant promoter element with functional relevance in light responsiveness [J]. EMBO Journal, 1991, 10(7): 1777-1786.

[84]李琳玲，程华，程水源，等. 银杏查尔酮合成酶基因启动子(GbCHSP)调控元件及功能分析[J]. 园艺学报，2010，37(12)：1919-1928.

[85]LAWTON M A, DEAN S M, DRON M, et al. Silencer region of a chalcone synthase promoter contains multiple binding sites for a factor, SBF-1, closely related to GT-1[J]. Plant Molecular Biology, 1991, 16(2): 235-249.

[86]ABU Z H, KUWAMOTO S, UNO T, et al. A *cis*-element responsible for cGMP in the promoter of the soybean chalcone synthase gene[J]. Plant Physiology & Biochemistry, 2014, 74: 92-98.

[87]曹天骏，戴好富，李辉亮，等. 白木香查尔酮合成酶基因(*AsCHS*1)启动子克隆及激素应答元件功能的初步鉴定[J]. 热带作物学报，2014，35(10)：1950-1956.

[88]IMURA Y, SEKI H, TOYODA K, et al. Contrary operations of Box-I element of pea phenylalanine ammonia-lyase gene 1 promoter for organ-specific expression[J]. Plant Physiology & Biochemistry, 2001, 39(5): 355-362.

[89]THAIN S C, MURTAS G, LYNN J R, et al. The circadian clock that controls gene expression in Arabidopsis is tissue specific[J]. Plant Physiology, 2002, 130(1): 102-110.

[90]CHRISTIE J M, JENKINS G I. Distinct UV-B and UV-A blue light signal transduction pathways induce chalcone synthase gene expression in Arabidopsis cells[J]. Plant Cell, 1996, 8(9): 1555-1567.

[91]FUGLEVAND G, JACKSON J A, JENKINS G I. UV-B, UV-A, and blue light signal transduction pathways interact synergistically to regulate chalcone synthase gene expression in Arabidopsis [J]. Plant Cell, 1996, 8(12): 2347-2357.

[92]KNOGGE W, SCHMELZER E, WEISSENBÖCK G.The role of chalcone synthase in the regulation of flavonoid biosynthesis in developing oat primary leaves[J]. Archives of Biochemistry & Biophysics, 1986, 250(2): 364-372.

[93]SCHULZELEFERT P, DANGL J L, BECKERANDRÉ M, et al. Inducible in vivo DNA footprints define sequences necessary for UV light activation of the parsley chalcone synthase gene[J]. EMBO Journal, 1989, 8(3): 651-656.

[94]王继玥，刘燕，杜斌，等. 盐胁迫下黄秋葵查尔酮合成酶基 *AeCHS* 的表达模式分析[J]. 分子植物育种，2017(6)：2073-2076.

[95]CHEN L J, GUO H M, YI L, et al. Chalcone synthase EaCHS1 from *Eupatorium adenophorum*, functions in salt stress tolerance in tobacco[J]. Plant Cell Reports, 2015, 34(5): 885-894.

[96]MOHAMMADKHANI N, HEIDARI R, ABBASPOUR N, et al. Salinity effects on expression of some important genes in sensitive and tolerant grape genotypes[J]. Turkish Journal of Biology,

2016，40：95-108.

[97]DU X M，SUN N Y，IRINO N，et al. Glycosidic constituents from *in vitro Anoectochilus formosanus* [J]. Chemical & Pharmaceutical Bulletin，2000，48(11)：1803-1804.

[98]ZHANG F S，LV Y L，DONG H L，et al. Analysis of genetic stability through intersimple sequence repeats molecular markers in micropropagated plantlets of *Anoectochilus formosanus Hayata*，a medicinal plant[J]. Biological & Pharmaceutical Bulletin，2010，33(3)：384-388.

[99]EDAHIRO J I，NAKAMURA M，SEKI M，et al. Enhanced accumulation of anthocyanin in cultured strawberry cells by repetitive feeding of L-phenylalanine into the medium[J]. Journal of Bioscience & Bioengineering，2005，99(1)：43-47.

[100]MASOUMIAN M，ARBAKARIYA A，SYAHIDA A，et al. Effect of precursors on flavonoid production by *Hydrocotyle bonariensis* callus tissues[J]. African Journal of Biotechnology，2011，10(32)：6021-6029.

[101]MURASHIGE T，SKOOG F. A revised medium for rapid growth and bioassays with tobacco tissue cultures[J]. Physiologia Plantarum，1962，15(3)：473-497.

[102]XIAO K Q，LAI R C，LIN R S，et al. Effects of different culture conditions on main chemical compositions of *Anoectochilus roxburghii*[J]. Journal of Chinese Medicinal Materials，2014，37(4)：553-556.

[103]YE S Y，SHAO Q S，XU M J，et al. Effects of light quality on morphology，enzyme activities，and bioactive compound contents in *Anoectochilus roxburghii*[J]. Frontiers in Plant Science，2017，8(8)：857.

[104]曹建国，赵则海，王文杰，等. 天然次生林三种不同生境刺五加丁香苷和总黄酮含量的研究[J]. 植物研究，2005，25(2)：205-209.

[105]冷平生，苏淑钗，王天华，等. 光强与光质对银杏光合作用及黄酮苷与萜类内酯含量的影响[J]. 植物资源与环境学报，2002，11(1)：1-4.

[106]TEGELBERG R，JULKUNEN-TIITTO R. Quantitative changes in secondary metabolites of dark-leaved willow（*Salix myrsinifolia*）exposed to enhanced ultraviolet-B radiation[J]. Physiologia Plantarum，2001，113(4)：541-547.

[107]娄倩. 百合花色形成关键基因(*CHS*)启动子功能分析[D]. 西安：西北农林科技大学，2010.

[108]ERKAN M，WANG S Y，WANG C Y. Effect of UV treatment on antioxidant capacity，antioxidant enzyme activity and decay in strawberry fruit[J]. Postharvest Biology & Technology，2008，48(2)：163-171.

[109]JIANG T J，JAHANGIR M M，JIANG Z H，et al. Influence of UV-C treatment on antioxidant capacity，antioxidant enzyme activity and texture of postharvest shiitake(*Lentinus edodes*) mushrooms during storage[J]. Postharvest Biology & Technology，2010，56(3)：209-215.

[110]NAKATSUKA A，IZUMI Y，YAMAGISHI M. Spatial and temporal expression of chalcone synthase and dihydroflavonol 4-reductase genes in the *Asiatic* hybrid lily[J]. Plant Science，2003，165(4)：759-767.

[111]RYBUSZAJAC M, KUBIŚ J. Effect of UV-B radiation on antioxidative enzyme activity in cucumber cotyledons[J]. Acta Biologica Cracoviensia, 2010, 52(2): 97-102.

[112]SHEN Y, JIN L, XIAO P, et al. Total phenolics, flavonoids, antioxidant capacity in rice grain and their relations to grain color, size and weight[J]. Journal of Cereal Science, 2009, 49(1): 106-111.

[113]VLOHR H, DRUMM-HERREL H. Coaction between phytochrome and blue/UV light in anthocyanin synthesis in seedlings[J]. Physiologia Plantarum, 2010, 58(3): 408-414.

[114]YILMAZ Y, TOLEDO R T. Major flavonoids in grape seeds and skins: antioxidant capacity of catechin, epicatechin, and gallic acid[J]. Journal of Agricutural and Food Chemistry, 2004, 52(2): 255-260.

[115]LIM J H, PARK K J, KIM B K, et al. Effect of salinity stress on phenolic compounds and carotenoids in buckwheat (*Fagopyrum esculentum* M.) sprout[J]. Food Chemistry, 2012, 135(3): 1065-1070.

[116]李爽，孙亮亮，白丽丽，等. 类黄酮参与调控中亚滨藜幼苗对盐胁迫的耐受性[J]. 中国生态农业学报，2017，25(9)：1345-1350.

[117]ABROL E, VYAS D, KOUL S. Metabolic shift from secondary metabolite production to induction of anti-oxidative enzymes during NaCl stress in *Swertia chirata*, Buch.-Ham[J]. Acta Physiologiae Plantarum, 2012, 34(2): 541-546.

[118]COLLA G, ROUPHAEL Y, CARDARELLI M, et al. Effects of saline stress on mineral composition, phenolic acids and flavonoids in leaves of artichoke and cardoon genotypes grown in floating system[J]. Journal of the Science of Food & Agriculture, 2013, 93(5): 1119-1127.

[119]ZHAO G M, LI S H, SUN X, et al. The role of silicon in physiology of the medicinal plant (*Lonicera japonica* L.) under salt stress [J]. Scientific Reports, 2015, 5(1): 12696.

[120]蔡文国，吴卫，代沙，等. 不同种质鱼腥草总酚、黄酮含量及其抗氧化活性[J]. 食品科学，2013，34(7)：42-46.

[121]陈肖家，张庆文，季晖，等. 紫外分光光度法和高效液相色谱法测定淫羊藿总黄酮含量的比较研究[J]. 药物分析杂志，2007(5)：625-630.

[122]韩秀萍，田海燕，付云芝，等. 3种天然产物中黄酮类化合物总含量的测定[J]. 食品科技，2012，37(10)：264-266.

[123]严赞开. 紫外分光光度法测定植物黄酮含量的方法[J]. 食品研究与开发，2007(9)：164-167.

[124]张扬，徐珍，俞忠明，等. 不同产地马尾松针中总黄酮含量的比较研究[J]. 中华中医药学刊，2011，29(8)：1820-1822.

[125]CHEN J, LIU Y, SHI Y P. Determination of flavonoids in the flowers of *Paulownia tomentosa*, by high-performance liquid chromatography[J]. Journal of Analytical Chemistry, 2009, 64(3): 282-288.

[126]HUANG R T, LU Y F, INBARAJ B S, et al. Determination of phenolic acids and flavonoids in *Rhinacanthus nasutus* (L.) Kurz by high-performance-liquid-chromatography with photodiode-array

detection and tandem mass spectrometry[J]. Journal of Functional Foods, 2015, 12: 498-508.

[127] AGUIRRE-HERNANDEZ E, GONZÁLEZ-TRUJANO M E, MARTINEZ A L, et al. HPLC/MS analysis and anxiolytic-like effect of quercetin and kaempferol flavonoids from *Tilia americana*, var. *mexicana*[J]. Journal of Ethnopharmacology, 2010, 127(1): 91-97.

[128]DU Q H, ZHANG Q Y, HAN T, et al. Dynamic changes of flavonoids in *Actinidia valvata* leaves at different growing stages measured by HPLC-MS/MS[J]. Chinese Journal of Natural Medicines, 2016, 14(1): 66-72.

[129]ZUCOLOTTO S M, FAGUNDES C, REGINATTO F H, et al. Analysis of C-glycosyl flavonoids from south American *Passiflora*, species by HPLC-DAD and HPLC-MS[J]. Phytochemical Analysis, 2012, 23(3): 232-239.

[130]郭芳芳，冯锋，白云峰，等. 高效毛细管电泳法对5个产地苦荞中黄酮类化合物的检测[J]. 食品科学，2015，36(18)：85-88.

[131]HAN L, HU X U, LIU X H, et al. Simultaneous determination of five index components in rehmanniae radix by HPCE-DAD[J]. Chinese Pharmaceutical Journal, 2012, 47(23): 1937-1942.

[132]QUAIL M A, KOZAREWA I, SMITH F, et al. A large genome center's improvements to the Illumina sequencing system [J]. Nature Methods, 2008, 5(12): 1005-1010.

[133]GRABHERR M G, HAAS B J, YASSOUR M, et al. Full-length transcriptome assembly from RNA-Seq data without a reference genome[J]. Nature Biotechnology, 2011, 29(7): 644-652.

[134] LANGMEAD B, SALZBERG S L. Fast gapped-read alignment with Bowtie 2[J]. Nature Methods, 2012, 9(4): 357-359.

[135]LI B, DEWEY C N. RSEM: accurate transcript quantification from RNA-Seq data with or without a reference genome[J]. BMC Bioinformatics, 2011, 12(1): 323.

[136]PATEL R K, JAIN M. NGS QC toolkit: a toolkit for quality control of next generation sequencing data[J]. PloS One, 2012, 7(2): 2012.

[137]LU T T, LU G J, FAN D L, et al. Function annotation of the rice transcriptome at single-nucleotide resolution by RNA-seq[J]. Genome Research, 2010, 20(9): 1238-1249.

[138]WANG Z, GERSTEIN M, SNYDER M. RNA-Seq: a revolutionary tool for transcriptomics [J]. Nature Reviews Genetics, 2009, 10(1): 57-63.

[139]FILICHKIN S A, PRIEST H D, GIVAN S A, et al. Genome-wide mapping of alternative splicing in *Arabidopsis thaliana*[J]. Genome Research, 2010, 20(1): 45-58.

[140]ZENONI S, FERRARINI A, GIACOMELLI E, et al. Characterization of transcriptional complexity during berry development in *Vitis vinifera* using RNA-Seq[J]. Plant Physiology, 2010, 152(4): 1787-1795.

[141]ZHANG G J, GUO G W, HU X D, et al. Deep RNA sequencing at single base-pair resolution reveals high complexity of the rice transcriptome[J]. Genome Research, 2010, 20(5): 646-654.

[142]NAGALAKSHMI U, WANG Z, WAERN K, et al. The transcriptional landscape of the yeast genome defined by RNA sequencing[J]. Science, 2008, 320(5881): 1344-1349.

[143]VERA J C, WHEAT C W, FESCEMYER H W, et al. Rapid transcriptome characterization for a nonmodel organism using 454 pyrosequencing[J]. Molecular Ecology, 2008, 17(7): 1636 - 1647.

[144]IORIZZO M, SENALIK D A, GRZEBELUS D, et al. De novo assembly and characterization of the carrot transcriptome reveals novel genes, new markers, and genetic diversity[J]. BMC Genomics, 2011, 12(1):1-14.

[145]WANG Z Y, FANG B P, CHEN J Y, et al. De novo assembly and characterization of root transcriptome using Illumina paired-end sequencing and development of cSSR markers in sweet potato (*Ipomoea batatas*)[J]. BMC Genomics, 2010, 11(1):726.

[146]FENG C, CHEN M, XU C J, et al. Transcriptomic analysis of Chinese bayberry (*Myrica rubra*) fruit development and ripening using RNA-Seq[J]. BMC Genomics, 2012, 13(0):19.

[147]黄璐琦，张瑞贤.道地药材理论与文献研究[M]. 上海：上海科学技术出版社，2016.

[148]孟祥才，黄璐琦，陈士林，等. 论中药材栽培主产区的形成因素及栽培区划[J]. 中国中药杂志，2012，21(6)：3334-3339.

[149]郝大程，马培，穆军，等. 中药植物虎杖根的高通量转录组测序及转录组特性分析[J]. 中国科学:生命科学，2012(5):3 98-412.

[150]李滢，孙超，罗红梅，等. 基于高通量测序 454 GS FLX 的丹参转录组学研究[J]. 药学学报，2010，45(4)：524-529.

[151]吴琼，孙超，陈士林，等. 转录组学在药用植物研究中的应用[J]. 世界科学技术(中医药现代化)，2010，12(3)：457-462.

[152]CHAO S, YING L, WU Q, et al. De novo sequencing and analysis of the American ginseng root transcriptome using a GS FLX Titanium platform to discover putative genes involved in ginsenoside biosynthesis[J]. BMC Genomics, 2010, 11(1):262.

[153]HAO D C, GE G B, XIAO P G, et al. The First Insight into the Tissue Specific, Taxus, Transcriptome via Illumina Second Generation Sequencing[J]. PloS One, 2011, 6(6): 1-15.

[154]LIU J X, HOU J Y, JIANG C, et al. Deep sequencing of the *Scutellaria baicalensis* Georgi transcriptome reveals flavonoid biosynthetic profiling and organ-specific gene expression[J]. PloS One, 2015, 10(8): e0136397.

[155]HOAGLAND D R, ARNON D I. The water culture method for growing plants without soil [J]. California Agricultural Experiment Station, Circular, 1950, 347: 4-32.

[156]张秀才，吴岩斌，吴锦玉，等. 金线莲总黄酮回流提取工艺研究[J]. 福建中医药，2013，44(4)：53-55.

[157]关璟，王春兰，郭顺星，等. 福建金线莲总黄酮提取工艺的研究[J]. 中国药学杂志，2008，43(21)：1615-1617.

[158]中国国家标准化管理委员会. GB/T 20574—2006. 蜂胶中总黄酮含量的测定方法——分光光度比色法[S].

[159]王全泽，袁堂丰，刘磊磊，等. 响应面法优化闪式提取罗汉松总黄酮及其抗氧化活性[J]. 精细化工，2018，35(1)：65-71.

[160]赵学友. 响应面法优化川丹参总黄酮提取工艺及其体外抗氧化活性评价[J]. 中国现代应用药学，2017，34(5)：686-691.

[161]关璟，王春兰，郭顺星，等. 高效液相色谱法测定金线莲中黄酮含量[J]. 药物分析杂志，2008(1)：9-11.

[162]牟洋，李顺兴，陈丽惠，等. 高效液相色谱法同时检测 4 种金线莲黄酮苷元及其在提取工艺评价中的应用[J]. 分析科学学报，2013，29(4)：465-468.

[163]TANAKA A，TANO S，CHANTES T，et al. A new Arabidopsis mutant induced by ion beams affects flavonoid synthesis with spotted pigmentation in testa[J]. The Japanese Journal of Genetics，1997，72(3)：141-148.

[164]YU H Q，HAN N，ZHANG Y Y，et al. Cloning and characterization of vacuolar H^{+}-pyrophosphatase gene (AnVP1) from *Ammopiptanthus nanus*，and its heterologous expression enhances osmotic tolerance in yeast and Arabidopsis thaliana[J]. Plant Growth Regulation，2017，81(3)：385-397.

[165]杨慧芳. 冰草居群核型变异研究[D]. 成都：四川农业大学，2016.

[166]KUO S R，WANG T T，HUANG T C. Karyotype analysis of some *Formosan gymnosperms* [J]. Taiwania，1972，17(1)：66-80.

[167]涂巨民，张启发，黄海清，等. 转基因水稻的培育方法[P]. 浙江：CN1840655，2006-10-04.

[168]FU F L，HE J，ZHANG Z Y，et al. Further improvement of N6 medium for callus induction and plant regeneration from maize immature embryos[J]. African Journal of Biotechnology，2011，10(14)：2618-2624.

[169]ARMSTRONG C L，GREEN C E. Establishment and maintenance of friable，embryogenic maize callus and the involvement of L-proline[J]. Planta，1985，164(2)：207-214.

[170]ZHANG G，ZHAO M M，SONG C，et al. Characterization of reference genes for quantitative real-time PCR analysis in various tissues of *Anoectochilus roxburghii*[J]. Molecular Biology Reports，2012，39(5)：5905-5912.

[171]LIU Y G，MITSUKAWA N T，WHITTIER R F. Efficient isolation and mapping of *Arabidopsis thaliana* T-DNA insert junctions by thermal asymmetric interlaced PCR[J]. Plant Journal，1995，8(3)：457-463.

[172]龚秀会，许敏，董鸿竹，等. 不同基原金线莲植物的化学成分比较研究[J]. 安徽农业科学，2012(36)：17530-17531.

[173]蒋元斌. 两种金线莲不同生长期主要活性成分动态变化[D]. 福州：福建农林大学，2012.

[174]李丹丹，彭金年，张付远. 不同来源金线莲中总黄酮含量的比较[J]. 安徽农业科学，2013(14)：6213-6214.

[175]谢卓宓，牛欢，古力，等. 9 种金线莲资源的染色体倍性及其核型分析[J]. 中国现代中药，2018，20(8)：920-927.

[176]曾雅娟，肖华山，黄代青. 金线莲染色体核型分析[J]. 福建师范大学学报(自然科学版)，2001(4)：118-120.

[177]SASLOWSKY D E，WAREK U，WINKEL B S J. Nuclear localization of flavonoid enzymes

in *Arabidopsis*[J]. Journal of Biological Chemistry，2005，280(25)：23735-23740.

[178]FERSHT A R，SHI J P，WILKINSON A J，et al. Analysis of enzyme structure and activity by protein engineering[J]. Angewandte Chemie，1984，23(7)：467-473.

[179]SCHROEDER M M，WANG Q M，BADIEYAN S，et al. Effect of surface crowding and surface hydrophilicity on the activity，stability and molecular orientation of a covalently tethered enzyme [J]. Langmuir，2017，33(28)：7152-7159.

[180]HRAZDINA G，WAGNER G J. Metabolic pathways as enzyme complexes：evidence for the synthesis of phenylpropanoids and flavonoids on membrane associated enzyme complexes[J]. Archives of Biochemistry and Biophysics，1985，237(1)：88-100.

[181]HRAZDINA G，ZOBEL A M，HOCH H C. Biochemical，immunological，and immunocytochemical evidence for the association of chalcone synthase with endoplasmic reticulum membranes[J]. Proceedings of the National Academy of Sciences of the United States of America，1987，84(24)：8966-8970.

[182]GUO D D，XUE Y R，LI D Q，et al. Overexpression of *CtCHS1* increases accumulation of quinochalcone in safflower[J]. Frontiers in Plant Science，2017，8：1409.

[183]LI T，WAN S B，PAN Q H，et al. A novel plastid localization of chalcone synthase in developing grape berry[J]. Plant Science，2008，175(3)：431-436.

[184]WANG C H，ZHI S，LIU C Y，et al. Isolation and characterization of a novel chalcone synthase gene family from mulberry[J]. Plant Physiology and Biochemistry，2017，115:107-118.

[185]FEUCHT W，TREUTTER D，POLSTER J. Flavanol binding of nuclei from tree species[J]. Plant Cell Reports，2004，22(6)：430-436.

[186]GUPTA N，SHARMA S K，RANA J C，et al. Expression of flavonoid biosynthesis genes vis-a-vis rutin content variation in different growth stages of *Fagopyrum species*[J]. Journal of Plant Physiology，2011，168(17)：2117-2123.

[187]FAKTOR O，KOOTER J M，DIXON R A，et al. Functional dissection of a bean chalcone synthase gene promoter in transgenic tobacco plants reveals sequence motifs essential for floral expression[J]. Plant Molecular Biology，1996，32(5)：849-859.

[188]HARTMANN U，VALENTINE W J，CHRISTIE J M，et al. Identification of UV/blue light-response elements in the Arabidopsis thaliana chalcone synthase promoter using a homologous protoplast transient expression system[J]. Plant Molecular Biology，1998，36(5)：741-754.

[189]QIAN W Q，TAN G H，LIU H X，et al. Identification of a bHLH-type G-box binding factor and its regulation activity with G-box and Box I elements of the PsCHS1 promoter[J]. Plant Cell Reports，2007，26(1)：85-93.

[190]ALVAREZ-PIZARRO J C，GOMES-FILHO E，PRISCO J T，et al. Plasma membrane H^+-ATPase in sorghum roots as affected by potassium deficiency and nitrogen sources[J]. Biologia Plantarum，2014，58(3)：507-514.

[191]SANTOS L A，BUCHER C A，DE SOUZA S R，et al. Effects of nitrogen stress on proton-

pumping and nitrogen metabolism in rice[J]. Journal of Plant Nutrition, 2009, 32(4): 549-564.

[192]KOYRO H W, STELZER R, HUCHZERMEYER B. ATPase activities and membrane fine structure of rhizodermal cells from sorghum and spartina roots grown under mild salt stress[J]. Plant Biology, 2015, 106(2): 110-119.

[193]SPERANDIO M V L, SANTOS L A, DE ARAÚ JO O J L, et al. Response of nitrate transporters and PM H^+-ATPase expression to nitrogen flush on two upland rice varieties contrasting in nitrate uptake kinetics[J]. Australian Journal of Crop Science, 2014, 8(4): 568-576.

[194]JOON J Y, HAMAYUN M, LEE S K, et al. Methyl jasmonate alleviated salinity stress in soybean[J]. Journal of Crop Science & Biotechnology, 2009, 12(2): 63-68.

[195]PAN X, LI Y, ZHANG H, et al. Expression of signalling and defence-related genes mediated by over-expression of JERF1, and increased resistance to sheath blight in rice[J]. Plant Pathology, 2014, 63(1): 109-116.